アフリカ農村開発と人材育成

—ザンビアにおける技術協力プロジェクトから—

大野政義

創成社新書
57

はじめに

本書は、２０１０年から２０１４年の５年間、南アフリカ地域に位置するザンビア共和国で、国際協力機構（ＪＩＣＡ）が技術協力事業の形態の１つである「技術協力プロジェクト」として実施された、「農村振興能力向上プロジェクト（Rural Extension Service Capacity Advancement Project/RESCAP）」のチーフアドバイザーとして業務にあたった私と５人の長期専門家の経験と教訓から、技術協力事業を通したアフリカにおける農村開発のための現地の人材育成に関する一考察を記したものである。技術協力事業は、開発途上国の課題解決能力と主体性（オーナーシップ）の向上を促進するため、専門家の派遣、必要な機材の供与、人材の日本での研修などを通じて、開発途上国の経済・社会の発展に必要な人材育成、研究開発、技術普及、制度構築を支援する取り組みである。農村振興能力向上プロジェクトという技術協力事業は、ザンビア共和国の農業畜産省の普及に関わる組織・部門、特に農業局全体の普及行政・サービスマネジメント向上のためのキャパシティ・ディベロップメント（Capacity Development/CD）技術協力プロジェクトであった。キャパシティ・ディベロップメントは、コア・キャパシティとテクニカル・キャパシティの2つの面があるとされている。「私たちのプロジェクト」は、農村・地方レベルでのテクニカルな農業技術の能力向上を図りながら、コア・キャパシティである郡・州の地方農業普及行政組織、および中央政府（農業畜産省）の普及政策・行政組織体制の強化を目指したプロジェクトであった。コア・キャパシティとは、「個人や組織において、すべての行動を方向づける根本的な能力であり、課題対処能力の中心となる力」とされている。テクニカル・キャパシティに比べ、向上が容易ではなく、また変化に時間がかかり、目にも見えづらい。ただし、試行錯誤を繰り返していくうちに個人や組織全体がコア・キャパシティに気づけば、大きく成長する可能性を秘めていると言われている。

なぜ、私たちは、このコア・キャパシティの強化を5年間のプロジェクトで目指したのか。その背景には、プロジェクトが始まる以前に、２０００年から２００２年まで実施された参加型持続的農村開発手法（Participatory Sustainable Village Development/PaSViD 以下、参加型手法）、そして２００３年から２００９年まで参加型持続的農村開発手法を進化させ実施された「孤立地域参加型村落開発計画プロジェクト（Participatory Village Development in Isolated Areas）以下、孤立地域プロジェクト」による農村開発プロジェクトの成果と教訓があったからである。２００９年まで実施された一連の農業・農村開発分野における技術協力は、「農村」という現場を重視し、そこに日本人の専門家が農業畜産省のカウンターパートたちと足繁く通い「農村開発」に直接関与していくプロジェクトであった。そして農村振興能力向上プロジェクトでは、プロジェクトの規模、活動の範囲も多岐にわたるようになり、農村の現場で技術的に直接関与する活動から、ザンビア農業畜産省の全国の農業・農村開発普及人材と普及行政組織の「キャパシティ・ディベロップメント」を含めた包括的なプロジェクト活動に変遷していった。したがって、本書では、プロジェクトの形成前に10年近く続いた農村開発技術協力の背景から、プロジェクトの活動までのすべてを網羅的に整理することを試みた。結果的には、私たちのプロジェクトが、ザンビア共和国で実施された一技術協力プロジェクトにとどまらない「アフリカにおける農村・農業開発人材育成・組織強化のための技術協力」に一考察を投じるプロジェクトになったのではと考える。そして、今後の農村開発分野での技術協力事業の形成と実施のあり方に、一考の機会を提供する書籍として読者がうけとめてくれれば、プロジェクトに専門家として携われた私たちにとって幸いである。

一般的な「プロジェクト」が、ある特定の技術移転や、特定の地域の行政組織・地域住民を対象に、限られた時間内での成果を目指すのに対し、私たちのプロジェクトが目指した〝キャパシティ・ディベロップメント〟は、組織全体の人材育成を通した包括的なマネジメント能力向上・組織強化であった。いわゆる「プロジェクトマネジメント」のコンセプトや活動デザインを、見方によっては逸脱した活動を通して、組織強化を目指した経緯があり、本書ではその試みも記している。

第1部では序論として、前身プロジェクトである孤立地域プロジェクトの起源と、同プロジェクトを通じて明らかになった課題・教訓から、なぜ農村振興能力向上プロジェクトが出来上がったかという背景の整理を試みている。第2部では各論として、プロジェクトの成果ごとの活動や成果の内容、課題などを個別具体的に説明するとともに、これらの成果が有機的に連携することによって、農村の現場の普及員から郡・州の普及行政、そして本省レベルまでの農業・農村開発のための「ひとづくり」と「組織づくり」の試みを記している。第3部では、総論として、主にキャパシティ・ディベロップメントの観点からプロジェクトを分析し、プロジェクト全体として目指してきたことと、新たに見つかった問題・教訓、そして今後のザンビア農業セクターのプロジェクト形成、ひいては「技術協力プロジェクト」の案件形成のあり方への提言を整理している。

このプロジェクトがどのような背景から生まれ、関係者がどのような意図でプロジェクトを実施し、そしてそれがどのような意義を持つのかという点を、プロジェクトに関わった開発ワーカーの視点からではあるものの、成功も失敗も余すことなく網羅し、1つでも多くの教訓を残すことが本書の狙いである。また、参加型手法の時代から孤立地域プロジェクトまでプロジェクトに携わってきた専門家たち、私たちを支援してくださったJICA関係者、大学・開発研究機関の先生方、山形県、群馬県、宮城県のプロジェクトにご協力いただいた農業関係者の方々と常に共有してきたビジョンは、農村/地域社会の人々による持続的な開発と貧困削減であり、これを実現するための技術協力であったことを読者の皆様にご理解いただければ幸いである。

２０１６年８月

大野政義

目次

第3部　日本の技術協力のあり方を考える

第1部　序　論

第1章　なぜ農村振興能力向上プロジェクトは始まったのか

孤立地域参加型村落開発計画プロジェクトの起源

　孤立地域参加型村落開発計画プロジェクト（PaViDIA/以下、孤立地域プロジェクト）は、アジアで開発された参加型農村開発手法を、ザンビア農業省に派遣されたＪＩＣＡ専門家が持ち込んだことから始まった。そのアプローチは〝カード（ＣＡＲＤ）〟と呼ばれる手法で、その〝カード〟を起源とし、ザンビアでは、〝参加型持続的村落開発手法（PaSViD/以下、参加型手法）〟〝孤立地域参加型村落開発アプローチ〟、そして、農村振興能力向上（ＲＥＳＣＡＰ）プロジェクトでは〝参加型普及・孤立地域参加型村落開発アプローチ（PEA-PaViDIA）〟と手法が変遷進化していった。

〝カード〟は、アジア太平洋総合農村開発センター村落開発アプローチの略であり、バングラデシュ国ダッカ市に本部を置く同センターが開発した参加型開発手法の現地適用を通じて改善して開発された。カードでは、「一農家あたり100ドルを投資し、マイクロ・プロジェクト（小規模事業）を住民参加型で計画・実施する」という骨組があり、ザンビアで始まった参加型手法は、このアプローチを踏襲するところから始まっている。

1999年にザンビアの2つの村にカードが初めて適用され、1村あたり約200万円の資金支援で、インフラや家畜耕運機、ミシン、搾油機、種配布などのマイクロプロジェクトが実施された。ザンビアでは、農村の共同体活性化による貧困軽減を目指し、村人たち自らがマイクロプロジェクト（MP）を企画、実施、評価しながら全村民が裨益することを目指し、農業普及員は農業技術の普及だけでなく、モデレーターとして村人の自主的参加を促す農村開発活動を支援した。このザンビアでの適用が成功したため、農業の持続的開発を重視した〝参加型持続的村落開発手法〟として、ザンビア農村開発への展開が試みられ、さらにJICAの支援で20村にこのアプローチが適用された。

この参加型手法を全国で適用するために、JICAの技術協力プロジェクト、孤立地域プロジェクトが2002年から始まった。この段階では、孤立地域プロジェクトは、農村開発の思想・ビジョン・方向性を示した概念であり、その概念を現実に実施するための「手法」が、参加型手法であるとされた。

技術協力プロジェクトとしての孤立地域プロジェクトが始まり、参加型手法が農村で活用されていくと、この手法にさまざまな課題があることが判明した。多額の現金が外部（ＪＩＣＡ／ザンビア農業畜産省）から持ち込まれることにより、地域にある資源がまったく活用されなかったり、建設されたインフラの村人たちによる利用が進まなかったり、住民まかせによる金銭面での不正や村人間の争いを生じてしまっていた。この教訓を受けて、孤立地域プロジェクトでは大きくアプローチが「地域資源重視」「能力開発の重視」「モニタリング（継続支援）の重視」「政府も含めた広範囲な参加型」等に変更された。当時、参加型手法は別のアフリカ諸国にもともとの形で喧伝されていたため、混乱を避けることもあり、この改善したアプローチを〝孤立地域参加型村落開発アプローチ〟とした。

孤立地域参加型村落開発アプローチを全国規模で展開させるために、プロジェクトではアプローチの喧伝を進め、さらにメインユーザーである農業畜産省の普及員のツールとしての役割を強調していった。しかし、一方でザンビア農業畜産省には、参加型普及アプローチ（ＰＥＡ）という手法がすでに存在し認知されており、それとの整合性をとることが課題となった。参加型普及アプローチは、孤立地域プロジェクトが展開する時期と同じくして、世銀の支援を受けながら同じ農業畜産省がその実施を担っていた。普及員のファシリテーションのもと、農民たちが村落開発プロジェクト活動をコミュニティアクションプランとしてまとめるという点で類似点もあったが、持続的な農業技術等を含めた具体的な農業には触れず、あくまで「参加型普及アプローチ」のマネジメント手法であった。農村振興能力向上プロジェクトが開始された時点でも、孤立地域参加型村落開発と参加型普及アプローチが、異なるドナーの支援で併存するような状況にあったので、孤立地域参加型村落開発アプローチを、普及員が使うツールとして簡易（軽量）化・農業に特化したものに改善し、それを参加型普及・孤立地域参加型村落開発アプローチとした。農村振興能力向上プロジェクトでは、このアプローチを活用している。このような変遷を経た大きな理由は、参加型持続的村落開発や孤立地域参加型村落開発、参加型普及アプローチは、「農村開発手法」であり、いうまでもなく、地域住民の優先開発課題は、必ずしも農業生産活動に限られたものではない。一方で、農業畜産省は「農業生産の発展を柱とした農村開発」を主要業務としており、農業畜産省の「普及」を支える農業畜産省のアプローチと明確に位置づける必要があったからである。

孤立地域プロジェクトから農村振興能力向上プロジェクトへ

参加型持続的村落開発手法の全国展開のアイデアでは、一農家100ドルとして、100億円の予算があればザンビア全土の村を、また40億円あればザンビアの孤立農村地域の全部の村だけでも対象にできると考えていた。そしてこの金額は、大規模な灌漑施設に比べても、現実的かつ効率性が高いと考えられていた。一方で、日本の技術協力として、参加型手法のファシリテーターはザンビア農業畜産省の普及員を活用していたが、農業畜産省の上部の組織を巻き込むことは、非効率かつ複雑であることからあえて対象から外した。そして、プロジェクト対象地域の村人と普及員を、JICA専門家が直接支援・指導するという現場主義のやり方で貧困解決を目指していったのである。

その後、2002年に始まった孤立地域プロジェクトでは、参加型手法を全国展開するための土台作りがなされた。具体的には「ザンビアの農村地域の現状に適用した孤立地域プロジェクトの完成」「農業畜産省の普及員をファシリテーターとして育成するための研修講師育成」そして、孤立地域プロジェクトを円滑に実施していくための「プロジェクトオフィスの本省、州そして郡農業事務所、それぞれのレベルでの統括組織の立ち上げ」である。この土台作りは、徹底した現場主義からきている。現地での参加型手法の適用をつぶさに観察し、その教訓からさらに改善し、また研修講師も同様な視点から育成し、そのプロセスを経て、統括組織が立ち上げられていった。そして現場の経験から、ボトムアップで枠組みを作るという現場主義の理念の具体的な成果の1つとして、全国展開のガイドラインがプロジェクトの最終年にできたことがあげられる。

2007年のフェーズI終了時において、フェーズIの内容には入っていなかった、財務面や組織面での土台作りが不可欠であることが確認された。孤立地域プロジェクトフェーズII（2009年から2年間実施）では財務面、組織面の強化がなされ、さらに戦略的な全国展開計画や持続的農業技術の強化といった部分に特化して活動が行われた。特に戦略的な孤立地域参加型村落開発アプローチの全国展開を計画する際に、外部からの投資のさらなる内部化が必要であることが判明した。そのため、他ドナーとの連携を率先して行い、またいわゆる「ドナー（JICA）色」をなくし、農業畜産省としての孤立地域プロジェクトを強調した。その結果、日本の食糧増産援助で積み上げられた見返り資金等の約4億円の資金を獲得し、全国的な展開のための準備を整えた。

一方で、フェーズIIの実施の中でみえてきたのが、ザンビア農業畜産省の基礎的な政策実施能力の欠如である。組織的には、本省、州事務所、郡事務所そして現場の普及員という骨格はあるが、その骨格の中の各職員間のコミュニケーション、および指揮系統がほとんど機能していない。また各職員も「計画し実行し報告する」という基本的な作業さえできないものが多くいることがみえてきた。この基礎的な能力の欠如がみえてきたのは、孤立地域プロジェクトの実施があったからである。孤立地域プロジェクトは、手法、人材、予算が1つのパッケージになり、あとは「やるだけ」であるにもかかわらず、その「やる」ことができない。日本人専門家が一部手助けをしていたが、その場限りのものである。つまり、本当の開発課題は「資金」ではなく、「組織」の問題である。農業畜産省も、政策執行能力の欠如ということは認めたくはないが、すでに「農業畜産省のもの」として実行しているはずの孤立地域プロジェクトが、日本人専門家の手助けなしでは実施できないという事実を目の当たりにして、そこを認めざるを得ない状況だったのである。

この根本的な課題にこたえるために、農村振興能力向上プロジェクト（農村地域における普及サービス能力向上）が、2009年から5カ年で開始された。このプロジェクトでは、農村・農民を最終的な受益者としながらも、主眼は普及員と普及員の活動を支える上部組織を含めた農村・農民への行政普及サービス支援能力の向上である。孤立地域プロジェクトは参加型普及・孤立地域参加型村落開発アプローチという普及手法の1つとして再確認され、実施、モニタリングすることで、何が組織上の問題なのかを明確にし、改善していくというプロジェクトである。具体的には、農業普及員日誌の導入、普及員会議の奨励、報告書提出およびフィードバックの徹底、普及員の管理手法の導入、研修制度構築など、公務員業務の基礎的な改善と能力向上から、緑肥栽培、養蜂、キノコ栽培といった具体的な農業適正技術の導入までを視野に入れた、裾野の広いプロジェクトを開始することになったのである。

図1－1　プロジェクトの変遷

	PaSViD	PaViDIA	RESCAP
テーマ	貧困削減のための小規模農家を対象とする農村開発		
時期	2000～2001年	2002～2009年	2009～2014年
アプローチ	バングラデシュで確立された参加型開発手法のアフリカへの展開可能性の検討。	PaSViD モデルをベースにザンビア版として作られた村落開発手法（PaViDIA）の展開。	農業畜産省全体の普及能力向上（プラットフォーム構築）を通じた小規模農家の支援。
概要	1世帯100ドル相当の資金投入と持続的農業手法。	PaViDIA モデルの開発（ニーズベースからリソースベース，農業コンポーネントへのシフト）と，モデルの他地域への展開。	普及員が小農に普及できる適正技術の開発，研修制度の構築とその制度を通じた能力強化，モニタリング制度等。普及マネジメント全体の組織強化
プロジェクト課題	ザンビアの事情に合わせたモデルの変更が必要。	PaViDIA モデルの全国展開における，農業畜産省（普及）の組織的課題（金があっても使えない）の顕在化。 モデルの限界	普及システム・組織全体への取り組みは妥当だったのか？

第2章　農村振興能力向上プロジェクト（RESCAP）の基本構造

プロジェクト・デザイン・マトリックス（PDM）の構成

ＪＩＣＡの技術協力プロジェクトでは、１９９４年以来、プロジェクトを効率的に運営するために通常、プロジェクト・デザイン・マトリックス（ＰＤＭ）が策定される。ＰＤＭ（欧米ではログフレームと呼ぶ）は、プロジェクトの計画、実施、評価の３つのプロセスからなるプロジェクト・サイクル・マネジメント（ＰＣＭ）を概要表としてまとめたもので、プロジェクトの概念・主要構成要素を記したものである。ＰＤＭは、プロジェクトの実施と貢献によって達成される「上位目標」の下、プロジェクトの実施によって達成されるプロジェクト目標、そしてプロジェクト目標を達成するために必要な主たる成果とその成果達成状況を測る指標が設定される。

ここではＰＤＭの詳細な説明は省略するが、プロジェクトが目指した成果の考え方について説明したい。

農村振興能力向上プロジェクト（RESCAP）の基本構造は、以下の5つの主たる成果からなっている。

① 小農に必要な適正技術を特定する
② 普及員の能力向上のための研修制度を構築する
③ 研修による普及員の技術・知識の向上と普及サービス（デモ）の実施
④ 農家まで普及サービスが届いているかモニタリング・評価
⑤ 成果①から④までが円滑に機能するために、組織全体のマネジメント能力が強化される

プロジェクトは、5つの成果のうち、成果③の農業普及員（CEO：Camp Extension Officer/A.A：Agricultural Assistant）が提供する普及サービスの向上を通じて、小農の生活および生計の向上を最終的に目指したわけであるが、そもそも農業畜産省の政策実行能力が乏しいため、その周辺領域まで手広く活動範囲を広げていった。したがって、この普及

図２－１　RESCAP プロジェクト

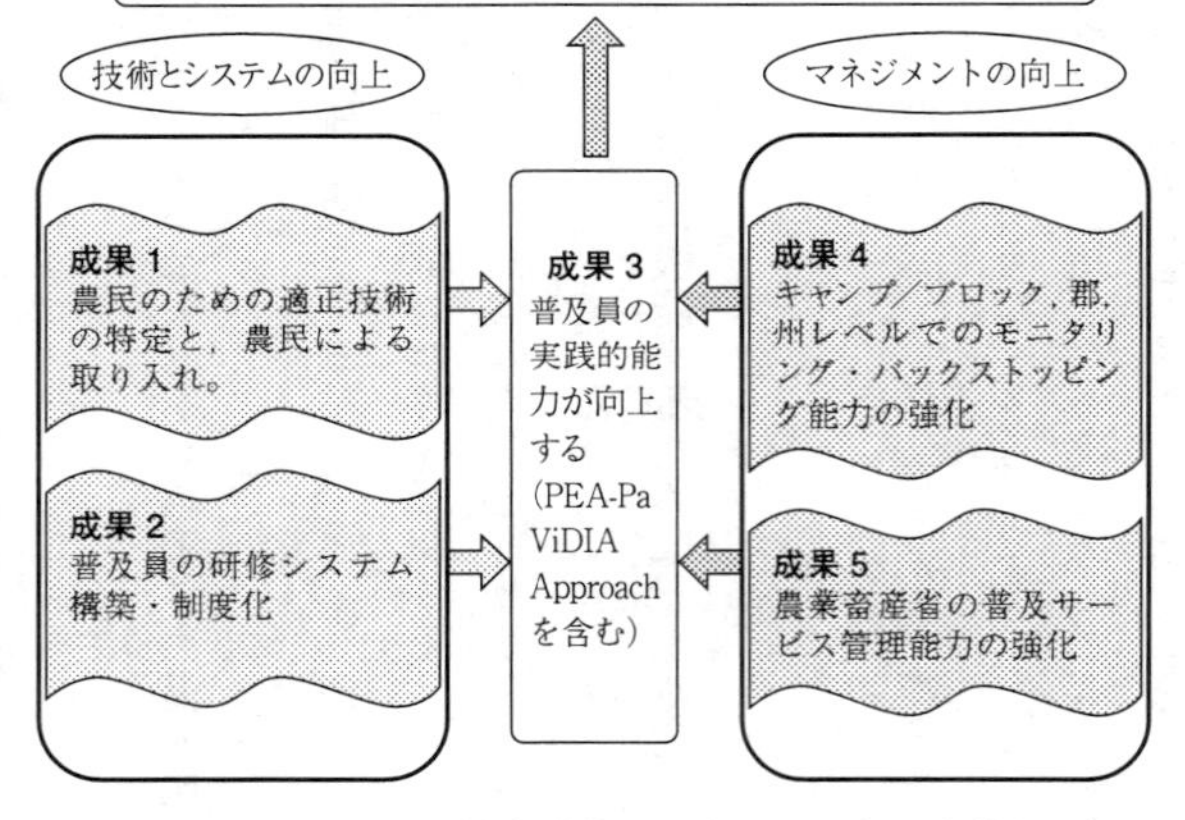

※プロジェクトとして，対象地域での定量的な成果達成を目指すが，成果は農業畜産省（農業局）の組織／システムとして，全国に活用されるインパクトを視野に入れながら活動を実施。

図２－２　プロジェクトのシナリオ

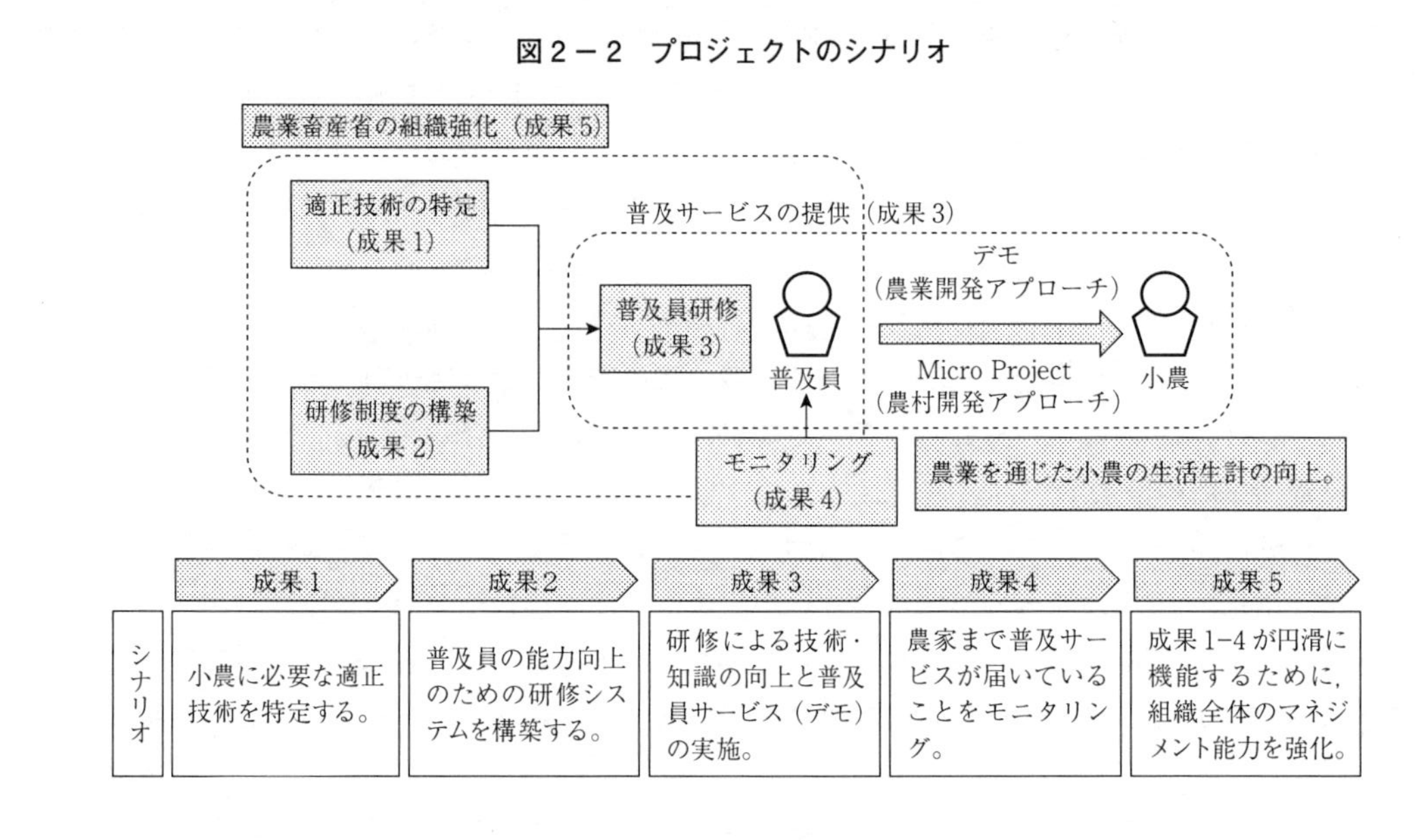

サービスの改善のための土台作りとして、上述の成果の①、②、④、⑤が位置づけられるとも言える。

上記の5つがプロジェクトの成果として設けられた背景には、ザンビアの農業普及の現状を包括的に改善する必要性が、これまでの経験およびプロジェクト開始時に実施したニーズサーベイ等の調査から明らかになったことがある。ザンビアの農業普及員は、小農に政府が毎年支給する肥料・種子配給プログラム（FISP）や、食糧保管庁（FRA）によるメイズ（トウモロコシ）の買付等の補助金関連業務、年1回開催される農業物産展の準備など、国の予算が確実につき明確な指示のある業務は行っている。しかし、普及サービスそのものについては資金面、技術面どちらも郡や州事務所からのサポートをほとんど受けられておらず、郡農業事務所も普及員がどのように普及業務をしているかをまったく定量的に把握できていないという状況であった。普及員が具体的な活動をしている場合のほとんどは、上記の国の補助金事業以外は、活動予算が確保されているドナー・NGO支援のプロジェクトの活動であり、プロジェクト対象地域のみですでに計画された特定の作物栽培振興／農法普及手法をトップダウンに実施する場合に限られていたわけである。アフリカの農業・農村開発現場の多くは、このようなトップダウンのドナー支援プロジェクトが席巻していると言っても過言ではない。プロジェクトでは、農業畜産省のカウンターパート（C／P）たちとの協議の結果、現地に適した新作物／新技術の特定と展示圃場の設置、そしてフィールドデイ等を通じた農家への紹介を普及サービスの柱と位置づけ、それぞれの現場で考える普及活動のための新作物／新技術コンテンツの特定と提供がプロジェクトの成果1となった。このアプローチは、国家戦略としての食糧増産が至上課題のザンビア農業畜産省において、ある特定の作物栽培の振興・普及が、その作物栽培に適したある特定の地域で重点的に実施されるという国策の重要性を考慮しながらも、ザンビアの多くの小農の農業活動が、自給と農業生産リスクを拡散するためにさまざまな農作物を栽培している現状を鑑みたものである。それぞれの地域と小農の現場に適した持続的な農業を向上させるべく、現場で普及員と農家、農業研究員たちが考える普及サービスの確立を目指したわけである。

そして、地域に適した普及サービスのコンテンツの作成と同時に課題となったことが、普及員の能力強化のための研修の枠組みが存在しないことであった。普及員の研修といえば、ドナーや種子会社が不定期に開催する研修に参加する程度で、農業畜産省として体系的な研修のためのプログラムや、予算も実績もプロジェクト開始当時はなかった。そのため、成果2では、まず普及員への研修機会の提供のため、州、郡レベルでの普及員研修を実施し、それと並行して体系的な研修制度の構築が進められることになった。そして、普及員が研修に参加しても、習得した知識や技術を現場で実践しなければ意味がないので、普及活動の柱として自分の担当地域とされるキャンプの農家・農村を対象にデモを実施することによる普及サービスの向上を成果3とし、農家の生活生計向上に直結するプロジェクトのコアな成果として位置づけた。

農業畜産省が組織全体として普及サービスの向上を確かなものとしていくには、普及サービス活動の結果をしっかりと把握し、継続的にさらなる改善につなげるための仕組み作りが必要であった。それは個々の普及員の活動のモニタリングにとどまらず、普及活動全体のマネジメント（計画／Plan-実施／Do-評価／See）を自律的に行えるようにすることが郡農業事務所レベルでは特に必要であり、これを成果4とした。しかし、孤立地域プロジェクトの教訓からもわかったように、現場の活動を改善していくだけでは抜本的な問題解決にはつながらない。事実、農業局として普及戦略が存在しないことや小農の定義自体が曖昧であったことなど、普及サービスを誰にどうやって提供するかということが定まっていない状況だった。そのため、州や本省における普及戦略策定と、実施体制の改善を含めた普及活動全般の包括的な組織強化が必要であり、これをプロジェクトでは成果5と位置づけたわけである。

プロジェクト対象地域

プロジェクトの対象地域は、最終的には北部州4郡、西部州5郡、ルサカ州1郡と設定された（表2―1参照）。これまで述べてきたとおり、農村振興能力向上プロジェクトは孤立地域プロジェクトのようなモデルを実施・運営できる組織力を培うことであるため、対象地域はこれまで孤立地域プロジェクトを実施した郡もしくはこれから実施する郡が対象となった。

一方で、このプロジェクトが目指したのは、農業局全体の普及サービス底上げのための制度構築といった活動も多く含まれた。特に面的展開を促進したプロジェクト後半では、プロジェクト対象地域はあくまでも全国展開のためのモデルケースとしての位置づけであり、最終的には全国の郡・州の普及サービス改善に向けた制度・人材作りへの展開活動が実施された（表2―2参照）。

表2－1　プロジェクト対象郡とマイクロプロジェクト実施郡

州	郡	RESCAP 対象郡	PaViDIA 実施郡				
			PaSViD	PaViDIA1	PaViDIA2	ZI	RESCAP
ルサカ	チョンゲ		○	○			
	カフエ	○		○	○		○
	ルアングワ		○				
ルアプラ	マンサ						
	サンフィア				○		
	ムエンセ				○		
北部	チンサリ	○					○
	カプタ	○					○
	カサマ				○		○
	ルウィング	○		○	○		○
	ンポロコソ	○		○	○		○
北西部	カセンパ						○
	ソルウエジ				○		○
西部	カオマ	○				○	○
	カラボ	○			○		
	ルクル	○					○
	セナンガ	○			○	○	○
	シャンゴンボ	○			○	○	

*ZI：西部州の一部で実施されたJICAプロジェクト「ザンビア・イニシアチブ地域における農村開発プロジェクト（2006-2008）」の略称。PaViDIAマイクロプロジェクトをプロジェクト活動の一部として実施。州と郡は，プロジェクト開始当時2009年12月の区分。

表2－2　主要なプロジェクト活動の実施地域

	成果1	成果2			成果3	成果4		成果5		
州	適正技術	普及員研修	新人研修	講師研修	デモ	管理研修	普及管理ツール	研修所マネジメント改善	普及官民連携	マイクロプロジェクト
北　部	◎	◎	○	◎	◎	◎	◎	◎	○	△
西　部	○	◎	○	◎	○	◎	○	○		△
ルサカ	○	◎	○	◎	○	◎	◎	◎	○	△
セントラル		△	○	○	△	○	○	△	○	
コッパーベルト		△	○	○	△	○	○	△		
東　部		△	○	○	△	○	○	△		
ルアプラ	△	△	○	○	△	○	○	△		
ムチンガ		△	○	○	△	○	○	△		△
北西部		△	○	○	△	○	○	△		
南　部		△	○	○	△	○	○	△		

◎：プロジェクトの重点的な支援により実施
○：プロジェクトの支援により実施
△：プロジェクトの部分的な支援により実施

第3章　農村振興能力向上プロジェクト（RESCAP）の変遷

現場主義から面的展開へ

これまで述べてきた背景から、農村振興能力向上プロジェクトは農業畜産省の組織強化を中心とした普及サービス向上を目指したプロジェクトであったと言えるが、5年間のプロジェクト期間の中でも、活動の主軸はさまざまな活動を実施していく中で少しずつ変化していった。プロジェクトの開始当初は、コンテンツ（適正技術）と伝達手段（普及員研修）とモニタリングができれば、普及サービスは向上していくというシナリオを想定しており、まずそれを実証するための活動が中心となった。この時期にプロジェクト活動を通して開発されたものを見ても、適正技術ガイドブック、デモ栽培記録のためのログシート、普及員手帳、GIS活用ガイドと言った現場の普及員を支援するツール類が多く、普及員研修から普及活動をいかに実施していくか、ということに重点が置かれていた。そして、研修からデモの実施、モニタリングがプロジェクト対象地域の現場で導入されてある程度形になっていくと、それを全国に広める面的な活動にシフトしていった。普及員研修の中心的役割を果たすマスタートレーナーの任命、効率的な研修制度カスケードモデル（研修を受けた職員が他の職員に研修を行う）の採用、普及員手帳の内容の改善と全国展開などの活動がこれに該当する。すなわち、プロジェクト対象地域で実証的につくりあげてきたコンテンツを、全国レベルで使用できるものにまとめ上げることがプロジェクト後半からの主題であった。

ここまではプロジェクト開始時からある程度想定したシナリオであったが、全国的な活動の面的展開を進めるにあたり、農業普及サービスの計画（政策や戦略）の不在という課題があらたに顕在化してきたわけである。

現場の計画の不在を埋めるために

ザンビアの長期的な国家開発政策・ビジョンの最上位の文書として、ビジョン２０３０があるが、その傘下に中期的な国家開発計画である、第６次国家計画（２０１３−２０１６）が存在する（２０１４年７月に新政権が誕生し、改定版が策定された）。第６次国家計画では、農業分野に関しては灌漑、研究と普及の連携等を通じた作物多様化（日本の稲作に相当する主要穀物メイズ（トウモロコシ）生産依存からの脱却）が必要とされている。その下に国家農業政策（ＮＡＰ）があり、ここから農業の具体的な話となる。国家農業政策は12の重点課題をあげ、生産性の向上や機械化の促進、民間との連携、食糧安全保障などを取り上げている。ただ、この国家農業政策も２０１１年に発足した新政権の下、プロジェクト終了の２０１４年12月の時点でも改定作業が進められており、具体的な政策実施に至っていなかった。また、政策と予算を関係づけるための農業投資計画（ＮＡＩＰ）も策定されていたが、政策の改定作業から具体的な年度ごとの予算への反映が遅れていた。そして、これらの包括的な国の農業開発計画は、どのように具体的／戦略的に州・郡レベルで実施されていくのかという、州・郡レベルでの農業計画としては不在のままであった。

また、この農業投資計画や農業重点政策を実施していくには、上述のような農業開発計画・目標を具体的に実施・達成していくために、農業局（農業畜産省）として、たとえばどの作物をどの地域で、どの程度、生産性／生産量を向上させるために、どのような方法で普及させていくのかという農業普及計画（普及戦略）が本来あるべきはずなのだが、その文書そのものが存在しなかった。そのため、当然、州・郡における普及計画も存在せず、あるのは州・郡の年間予算書だけである。この予算書は、活動単位の予算ラインで、展示圃場の設置、組合組織化の促進、食品加工研修などといった具体的な活動が列挙されているものの、これら活動が何を達成するために決められているかという根拠がない活動予算リストにとどまっていた。

つまり、本来は（1）国家ビジョン↓（2）国家計画↓（3）農業政策↓（4）農業計画（国・州・郡）↓（5）農業投資計画↓（6）普及計画（国・州・郡）↓（7）普及員の活動計画（個人）という流れにおいて、政策と活動（予算）が関連づけされているべきである。ところが、途中の（3）農業政策が明確でなく、（4）、（5）、（6）が存在しないため政策と活動が断絶してしまい、そのため（7）については計画のしようがない状況となっている。あるのは、毎年国が買い上げている主要穀物メイズの生産支援のための種子と肥料の配給計画と、毎年開催される農業物産展の計画と予算だけである。プロジェクトも、農業普及サービスを改善して農家の満足度を高めることを目標としているという点においては、政策よりも現場志向型のプロジェクトとして（6）から（7）の周辺を、組織・制度の面からもテコ入れすれば、普及サービスは向上していくだろうと想定していた。だからこそ普及員研修、普及員手帳、普及教材の開発などに着手し、それらの全国展開を狙っていたのだが、それだけではうまくいかなかった。公共サービスの普及事業として、農民・地域のニーズ・特性を考慮したボトムアップの計画と国家政策の重点課題を、どのように具体的に各州・郡の計画レベルで統合していくかという計画概念が欠如していたからである。

実際、技術研修やマネジメント研修を実施し、ときには種子まで提供して「あとは各郡でどうやるか、それぞれ工夫して進めてください」と言っても、なぜそれをやらなくてはいけないか普及員がわかっておらず、その上司である郡の管理職も、計画の不在からわかっていない状況であった。誰もが、上から言われたことはやるけれど、それ以上のことができない／わからないという状態だったのである。この、「やるべきことがわからない」という問題の根幹は想像以上に深いことが、現場サイドのプロジェクト活動を通じて徐々に見えてきたのだった。これは、前述したとおり、現場の活動の多くはドナー支援の活動と、前述のメイズ栽培支援計画程度で、これまでのドナー支援の案件形成・アプローチのあり方に起因するところも少なくない。農業セクターのドナープロジェクトの多くが、本省ベースに案件形成され、特定の作物・栽培手法等が、「プロジェクト」として予算とともにドナー／本省から、対象地域となった郡の現場に突然おりてくるので、すべてが現場では受動的な活動になっていたわけである。

このため、プロジェクト後半では、農業畜産省本省で普及を所管する農業局の権限と責任で可能な（6）～（7）に重点を置くようになった。普及戦略の策定や郡レベルの農業局管理職トップである農業上級官（SAO）の研修と郡普及戦略の策定、郡普及戦略に基づく普及員研修の全国展開などの活動がここに該当する。州や郡の普及計画というのはつまるところ、「その州／郡で、どんな作物（または技術）を誰に、どうやって普及するのか？　それを政策と照らし合わせたうえで、その地域に合った方法を考えていく」ということであり、プロジェクトでは農業上級官研修の実施を支援し、全国103郡で普及戦略策定推進をするに至ったのである。

第2部　プロジェクトが目指した普及サービス拡充のための成果

第4章　地元に適した農業技術の普及（成果1）

適正技術とは

プロジェクトでは、適正技術を「投入資材、マーケット等へのアクセスが乏しい農民が、持続的に実施可能で有効性のある技術」として定義している。プロジェクト開始当時、普及員の農家への指導は、教科書的な指導が多くみられ、農家の実態に合っていないという問題が指摘されていた。

たとえば、「土壌を肥沃にするために、コンポストを作りましょう。」「酸性土壌には石灰をまきましょう。」ということを指導するわけだが、普及サービスを必要とする小農にとって「農業資材へのアクセスが身近にないのに、どうやってやればよいのか」という声があがるようなケースが多々あった。そのため、普及員が支援する農家の実態に合わせた技術が必要という課題が認識され、それを〝適正技術〟として特定することになったのである。

適正技術に含まれる分野は、農法（System）、作目（Crops/livestock）、栽培／管理（Cultural Practices/management）、技術／農具（Farming implements/tools）の4つとし、その目的を、①農業の選択肢を増やす（新作目の導入など）、②農業のプロセスを改善する（効率化技術の導入など）、③持続的な農業の生産性を向上させる（新品種の導入、生産性向上技術の導入、地域資源の活用など）と位置づけた。

普及活動の中心は、展示圃場（デモ）の設置と、そのデモを利用したフィールドデイやファーマーフィールドスクールとされていたが、デモで展示するためのコンテンツの不足、特に研究と普及の連携が乏しいことがプロジェクト開始時点で指摘されていた。農業試験場の研究結果を普及の現場に伝えるためのプロセスや研修機会はほとんど皆無であったため、適正技術の特定に際し、この試験研究結果を普及の現場につなぐためのパイロットデモ（Pilot Demo）を提案し、普及のための一般デモ（Ordinary Demo）との区別を明確にした。

この研究と普及の連携強化は、国家政策でも重要事項としてあげられており、前述の第6次国家開発計画、農業政策、投資計画等でも明確に掲げられている。また、地方分権化の流

表4－1　成果1とPDM指標

成果1	プロジェクト対象地域の北部州／ムチンガ州の郡で適正技術が特定される。
PDM指標	1-1　11以上の新しい適正技術，新しい適正作物の種類が特定され，北部州／ムチンガ州の対象郡用にマニュアルが作成される。

れの中、将来、研究も普及とともに、州・郡ベースを活動拠点とした体制が整備される予定であり、プロジェクトの適正技術の活動プロセスは、現場での将来のガイドラインとしても有用であると思料された。

プロジェクトの構成上、適正技術は成果2と3で普及員研修を実施するための技術コンテンツの提供という位置づけとなる。そのため、プロジェクト開始当初は、より多くの適正技術を特定することに重点が置かれた。しかし、成果1で目指したのは、「技術」そのものの開発ではなく、現場のニーズとポテンシャルに即した技術を特定する「プロセス」である。組織強化の観点からも、普及（農業局）と研究（試験場）の連携の強化や、カウンターパート独自で、それぞれの現場（郡・州）のニーズとポテンシャルに基づいた適正技術を特定できるサイクルの構築である。ここでは、「農業」という地域の特性をいかした生産活動を地元の関係者で考え、普及するという現場主義の重視を強調し、本省とドナー主導で推し進められる普及とは一線を画している。

適正技術の特定

適正技術は、プロジェクトの主要対象地域の北部州農業事務所に配属された適正技術専門家を中心に、カウンターパートたちとの協議により出された40数種類の候補から、20種類のショートリストを作成し、パイロットデモの結果をもとに4つの視点で評価して特定していった。プロジェクト終了時評価前までには、14種類の適正技術が特定され（表4—2）、普及員による一般デモでの紹介が奨励された。また適正技術「特定」のためのプロセスは、ガイドライン（Pilot Demonstration Implementation Guideline）として整備され、北部州の郡事務所、研究所関係者に配布された。

適正技術の特定は、パイロットデモの結果を、表4—3の4つの視点で評価している。評価は、州農業局および州農業試験場の職員によって実施された。評価に対する考え方としては、4つすべての点数が高いことを必要とするのではなく、なぜ、この技術は適正と判断されたのか、それを客観的指標として言語化することを意識してもらいながら評価を実施してもらった。

表4－2　適正技術一覧

No	適正技術	分　類	評　価
1	ラインマーカーによる条植え（陸稲，シコクビエ）	農機具による生産性の向上	○
2	水田除草機の導入	農機具による労力低減	○
3	ゴマの新品種と搾油技術導入	新作目・新技術の導入	○
4	インゲンマメの新品種導入	新品種（高収量品種）の導入	○
5	マメ科植物（サンヘンプ）を利用した在来土壌肥沃農法の改善	緑肥植物による生産性の向上	○
6	シコクビエの新品種と焼畑農業脱却のための栽培技術の導入	環境保全農業（焼畑から常畑）新品種（高収量品種）の導入	○
7	雨季トマト栽培（JOCV 協働）	新栽培手法の導入	○
8	キノコ栽培（JOCV 協働）	新作目の導入	○
9	森林資源を利用した養蜂技術（JOCV 協働）	新技術の導入	○
10	水力製粉（ガッタリ）	農家の労力低減	○
11	自生植物テフロシアの殺虫剤および家畜用殺ダニ剤としての応用	自生植物の利用による生産性の向上	○
12	ジャガイモの新品種導入（灌漑栽培）	新品種（高収量品種）の導入	○
13	カラシナの新品種導入	新品種（高収量品種）の導入	○
14	自生植物ティソニアの緑肥利用	自生植物の利用による生産性の向上	○
15	脱穀風選農具（唐箕）の導入	農機具による労力低減	×
16	脱穀用農具（千歯こき）の導入	農機具による労力低減	×
17	マンゴーの高接ぎ	新技術の導入	×
18	乾季ニンニク栽培	新栽培方法の導入	×
19	トマトの新品種導入	新品種（耐病性品種）の導入	×
20	バナナの新品種導入	新品種（高収量品種）の導入	×

写真４－１　きのこ（まいたけ）・パイロットデモ

４つの視点およびその点数化に関して、ＪＩＣＡ本部出張者から、その客観性、妥当性について疑問の声があがったこともあったが、その指摘のとおり、ここでいう４つの視点による評価は、厳密な意味で科学的なデータや根拠に基づいていない場合もある。しかしながら、パイロットデモは、その趣旨からして研究のような科学性だけを求めるべきではないという考え（科学的な実証のみでは〝研究〟になってしまうという考え）、またこれらの評価プロセスは、州農業局と農業試験場のカウンターパートたちが、農業試験場の結果が現場で運用可能なレベルかどうかを農家と一緒に判断して採用している、ということが特徴だと言える。

適正技術の特定に際し、北部州内においても郡ごとに自然環境などに大きな違いがあるため、技術の特定は郡単位として実施した。たとえばゴマの新品種の場合、推奨される自然環境が低緯度で年間降雨量が1、000㎜程度かつ渇水や豪雨のない地域となっているため、同州のカプタ郡およびンサマ郡がこの適正技術の対象地域となった。ただし、技術の特定単位が郡ごと

表4－3　適正技術評価の4つ視点

大分類	小分類
Innovative （新しさ，革新性）	Unprecedented （前例がない） Creative（創造的） Attractive（魅力的）
Effective （効果・効率）	Productive（生産性） Economic/Labor saving （経済的／労働節約的）
Feasible （簡単，現場でできる）	Resource available （地元にある） Easy to apply （応用が簡単） Low cost（低経費） Acceptable（culture） （地元の農慣習に受け入れられる）
Influential （地域への広がり）	Population to apply （採用農家数） Area production （地域生産） Environmental Impact （環境影響） Society to cooperate （地域農村社会の協力）

である一方で、郡レベルには経験豊富な専門技術員（Subject Matter Specialist/SMS）が少ないため、当初は郡単位での特定も検討されたものの、最終的に州農業局職員および州農業試験場の研究員が中心となって特定プロセスを担うこととなった。

適正技術特定のサイクル

成果1では、適正技術の特定だけでなく、「適正技術を特定するサイクル」の構築も目指して活動が行われた。その結果、前述の14種類の技術を特定する過程でまとめられていったガイドラインに基づき、州・郡の農業局スタッフの提案による新しいパイロットデモの展開も彼ら独自で開始されるようになった（表4―4参照）。これらのパイロットデモは郡の主体的な提案により開始されており、今後、新たに適正技術として特定されていくことが見込まれている。この新しい適正技術の特定プロセスは、上述の14種類の適正技術の特定では、州の適正技術専門家が内容の精査からマニュアルの整備まで重点的に支援して行われたが、州の職員が主体となって進めている。

表4－4　北部州・郡主体で独自に進めているパイロットデモ

No	適正技術	デモ数
1	Cowpea Varieties（新品種豆）	2
2	Goat rearing（山羊飼育）	8
3	Inoculants in Soya beans（大豆細菌）	6
4	Irrigation using treadle pump（灌漑用足踏みポンプ）	9
5	Maize Variety（メイズの新品種）	9
6	Mango preservation（マンゴ保存法）	3
7	Maize under pot holing（メイズポット栽培）	2
8	Orange maize production（黄色メイズ生産）	4
9	Small holder irrigation T-COBSI（小規模簡易灌漑）	4
10	Sorghum varieties（きび新品種）	14
11	Soya Beans（大豆栽培）	2
12	Sweet potato（イモ栽培）	1
13	Village Chicken（養鶏）	3
14	Weed control using herbicides（薬草雑草駆除）	12
15	Wheat production（小麦栽培）	12
	Total	91

出所：2013/2014 年農シーズン作物栽培カレンダーより。

適正技術マニュアル

特定された適正技術は、北部州農業局および農業研究所関係者を中心に技術ごとにマニュアルが作成された。マニュアルの主なユーザーは普及員となり、フィールドデイや農家への説明などにおいて普及員が農家へ説明する際の情報源として用いられることを狙いとして作成された。フィールドデイは、普及員と新しい適正技術の導入に高い関心を持つ農家が中心となって、農家の畑で導入し得られた成果を周辺農民と共有し、他農民による導入を促すイベントである。普及員のデモ設置の作業ステップのために作成された簡易記録シートのログシートに対し、このマニュアルは適正技術として特定された理由や技術（作物）の詳細まで含まれていることが特徴である。

パイロットデモ（Pilot Demo）と一般デモ（Ordinary Demo）

適正技術特定のためのパイロットデモ（Pilot Demo）は、もともと研究と普及の連携が乏しいという問題意識から提案された取り組みであり、試験研究と普及員が農家に普及する一般デモ（Ordinary Demo）の中間に位置づけられる。その特徴は、パイロット対象となる作物／技術はすでに農業試験場で科学的な検証および試験圃場での実証がすんでいるため、パイロットデモで行うことは、主に実際にその作物を栽培しようと思うかどうかについて、普及員や農家の感覚的な印象を定量的、定性的に視覚化するためのプロセスとして位置づけている。特に、試験研究により推奨される作物／技術が必ずしも農家に普及していかない問題は、日本の普及現場でもおこりがちである。これは、ＪＩＣＡのザンビア農業セクター協力への有識者による助言をいただく国内支援委員会の委員を務められ、さまざまなご指導・

ご助言をしてくださった大場氏（山形県村山総合支庁産業経済部次長（兼）農業技術普及課長）や、運営指導に来ていただいた群馬県農政部技術支援課の栗原氏らも言及されていた。そのため、特に研究と普及の連携が非常に弱い（皆無といっても過言ではない州も少なくなかった）ザンビアでは、この問題もより深刻であろうと想定し、パイロットデモの方式を取り入れたわけである。

一般デモについては、プロジェクト開始前は、郡内のデモの総数も郡農業事務所で把握されておらず、またデモ作成のガイドラインもなかったため、普及員や農業局職員のデモに対する認識すらまちまちであった。本省の作物担当主任が、農業局の年次レビュー会合で「デモの定義とは何だ?」と質問してしまうほど、デモについての認識が農業局全体で統一されていなかったのである。

北部州ではパイロットデモ実施の経験から、現場レベルで購入できる農業資材の量とデモとしてのサイズの適性を考慮し、一般デモの最小サイズを5m×5mと設定し、研修などで種子を配布するための基準とした。また、北部州として各普及員が設置するデモの数を最低5種類とし、研修時に普及員に指導した。技術的にデモのサイズの妥当性を指摘する人もいたが、ここでは、ドナーのプロジェクト支援のみに頼った普及活動をするのではなく、自分たちの限られた予算や資源でできることを継続して実践していくことを重視した。

適正技術の農家への導入

特定された適正技術がデモとして本格的に開始されてから、1―2シーズンしか経っていないものもあるため、どの程度の農家がその技術を導入しているか、プロジェクトが終了する時点で定量的には十分に把握できなかった。ただし、郡事務所や普及員から、農家が関心を示している、あるいは実際に開始しているという現場の声が集まってきていたので、プロジェクト終了の半年前の２０１４年６月に、ローカルコンサルタントに委託し、技術を採用した農家のケーススタディを実施し、事例報告書としてまとめた。

適正技術の他機関連携

適正技術の特定および普及において重要な点は、ＮＧＯや他ドナー支援のプロジェクトとの連携である。成果５において、普及サービスの調和化を促進しているように（後述）、成果１においても例外ではない。さまざまなアクター／ステークホルダーが普及サービスの現場にいるので、これらの活動の調和化はプロジェクト全体を貫く重要なコンセプトの１つである。これは、ドナーやNGOがばらばらの活動をするのではなく、郡や州レベルでの共通の普及サービス活動計画の中で同じ郡・州の目標達成に寄与すべく活動を行おうとするものである。

まず適正技術に特定された養蜂と稲作関連農機具については、環境保全とローカルマーケット振興団体（COMACO）というチンサリ郡で活動するNGOと連携し、技術情報の交換や研修への講師派遣等を行った。また、青年海外協力隊（JOCV）とは、雨よけトマト、養蜂、キノコ栽培の適正技術としての特定プロセスで連携を行い、農家レベルでのパイロットデモ、一般デモの普及にあたった。また、特に養蜂とキノコ栽培については、それぞれ日本より短期専門家が派遣されている。短期専門家で来ていただいた方々は、どちらもプロジェクトの研修員受入先となっていただいた宮城県丸森町耕野地区の農家であり、２０１２年度の日本での研修においては、キノコ栽培農家で2名のカウンターパートを7日間住込みで実技研修を受け入れていただいた（研修の詳細については、第10章を参照）。

また、北部州の適正技術は、気候条件の近い隣のルアプラ州の技術情報としても共有が検討された。ルアプラ州／北部州／ムチンガ州で展開する国連農業開発基金（ＩＦＡＤ）のプログラム（小農生産性向上プログラム／Ｓ３Ｐ）の普及担当に、北部州の主要カウンターパートであり2012年に定年退職した元北部州上級作物官が就任したことにより、連携の動きはさらに加速されることとなった。また、同じくルアプラ州でフィンランドの支援により展開するルアプラ州農業・農村開発プログラムII(PLARDII)でも、プロジェクトの支援で確立してきた、きのこの種菌生産体制、農業研修所での研修体制の確立・実施に関する、北部州農業省関係者による技術交流が実施された。この研修では、北部州の種菌生産関係者の農業試験場や農業研修所のスタッフが講師となり、ルアプラ州農業事務所関係者に実践的な演習を提供した。

今後の課題

成果1における課題として、適正技術特定プロセスにおける普及と研究の連携の制度化があげられる。北部州では、州農業調整官のリーダーシップと北部州試験場研究員の積極的な参加により実現することになったが、属人的な要素に依存する部分が大きかったため、他州で同様の体制が作れるかどうかは定かではない。この点について、運営指導に来ていただいた群馬県農政局の栗原氏は、日本のような農業試験場と普及事務所の間での人事異動がないことが大きな制度上の問題だと指摘されている。しかし、試験場の研究職のキャリアパスと行政職のキャリアパスでは、求められる資格や経験業務内容も異なり、中間管理職レベルでの人事異動交流はザンビアではほとんどない。したがって、州農業調整官や州農業官、州農業研究所の研究主任が「州・郡の農業優先課題」を共同で選定しながら、連携・協働ができる農業計画／普及計画の策定が重要となっている。

成果1のまとめ（インパクトと持続性）

プロジェクト成果の持続性の観点からは、適正技術の特定を一過性のものとせず、適正技術特定サイクルの確立もまだその途上ではあるが、少しずつ形となってきたところだと言える。その結果、北部州農業局主導により新たな適正技術候補のパイロットデモによる検証が独自に始まり、北部州でこの適正技術特定プロセスが継続する体制が、カウンターパート人材を中心にある程度定着したと言える。

プロジェクトの狙いである全国展開の観点からは、研究と普及をつなぐパイロットデモというコンセプトと北部州の事例は、郡農業局管理職研修（SAO研修）を通じてすべての州および郡に周知された。プロジェクトは終了したが、今後、各州で同様の適正技術特定の動きが出てくることに期待したい。ただし、北部州以外の地域では、現場レベルでの実践的なプロセスを通した深い理解を得るほどまでの支援をプロジェクトではしていないため、どの程度の広がりになるかは未知数である。

第5章　研修制度の構築（成果2）

普及員研修制度構築の背景

これまで農業畜産省は、組織的な職員の人材育成をほとんど行ってこなかったことから、農業普及員は農業畜産省に採用後、辞令を渡されるだけで、そのまま受け持ち担当地区（キャンプ）に派遣される状況が一般的であった。担当地区赴任前の新人研修も行われておらず、郡の職員から簡単なオリエンテーションが実施されれば良いほうであった。したがって、多くの新人普及員は、「普及員」の役割や存在意義、自分たちが農民から何を期待されているのか、自分たちの具体的な業務は何なのか、十分に理解しないまま、実際の業務を開始する状況であった。そして、農業普及員は郡農業事務所でなく、各キャンプの自宅兼事務所をベースに業務をするため、遠く離れた上司の郡上級農業官（ＳＡＯ）や同僚普及員に会う機会もほとんどない。援助機関やＮＧＯの支援により実施される研修に参加する機会がある普及員もいるが、体系的に整備された能力強化の機会はプロジェクトが始まる以前は皆無と言ってよかった。

そのため成果2としては、マスタートレーナーによる郡レベルでの普及員研修、講師育成研修、新人職員研修のコンテンツ作成と実施、そしてこの研修をJICA支援のプロジェクトの研修制度としてではなく、農業畜産省の研修として制度化することが行われた。

成果2の活動の出発点としては、農業畜産省の普及員の研修制度がほとんど存在しない状態であったため、まず現職普及員研修（In-Service Training/IST）の試験導入を2010年から2011年にかけて実施した。その後、2012年頃からそれまでの経験をもとに、カスケードモデル（研修を受けた職員が他の職員に研修を行う）によるマスタートレーナーを任命し、マスタートレーナーによる教材開発、研修の全国展開の準備を進めた。そして講師研修（Training of Trainers/TOT）と新人普及員（職員）研修（Induction Training/IT）の実施が一通り完了した2013年後半から2014年にかけて、マスタートレーナーを中心に農業畜産省としての研修体系の制度化が進められた。

普及員研修の実施

普及員研修は、プロジェクトが２０１０年に実施したニーズアセスメント、（農家の普及サービスの現状に関する評価、農業の現状、普及員の活動状況などの調査（ＮＡＳ））をもとに、２０１１から２０１２年にかけての農業シーズンより試験的に開始した。州ごとに普及員の研修開催地（各州にある農業研修所やいくつかの郡に設けられている農民研修センター）への交通の便や、講師の有無、農業研修所などの状況が異なっていたため、実施体制はその州の事情に合わせることになった。北部州では、州都カサマ農業研修所に２郡ずつ集めて州主体の集合研修とした。西部州では、州都モングにある農業研修所に集めることが困難であったため、郡の農民研修センターを利用した郡別の研修と、選抜された普及員や郡職員に限定した州集合研修の併用となった。ルサカ州ではチャリンバナ農業研修所を使用して研修を行った。当初はプロジェクト対象地域のカフエ郡のみが対象だったが、２０１３年から２０１４年の農業シーズンからは、ルサカ州全郡を対象に研修を実施するようになった。

また研修の実施サイクルは、雨季作を対象にした雨季前研修（8月から11月頃）、乾季作および雨季作収穫後（ポストハーベスト）を対象にした乾季前研修（2月から4月頃）、そして雨季作乾季作の評価および翌年度の普及計画に主眼を置いた評価計画研修（4月から6

写真５－１，２　研修実技，講義の様子

月頃）の３つである。

普及員研修はその目的を「普及手法の習得とマネジメント、デモの数量と質の向上」においている。そして、講師研修で育成された講師とマスタートレーナーが中心となって作成した教材を活用し、州・郡の予算および民間企業やＮＧＯとも協働しながら普及サービスを進めるための研修に整理された。

カスケードモデルとマスタートレーナー

プロジェクト対象州で普及員研修を試験的に実施し、研修実施における課題がある程度明らかになった時点で、体系的な研修制度の構築に取り掛かった。研修制度の構築に際しては、短期専門家（農業普及員研修計画／2012年1月）から提案されたカスケード研修モデルが農業局によって採用された。カスケード研修は、同じ内容の研修を何段階かにわけて行い、多人数を対象にする研修でよく使われる方法である。ここでは、マスタートレーナーが、各地域（州・郡）から選ばれた農業畜産省スタッフに講師研修を行い、この研修を受講したスタッフが、普及員に研修を実施する（図5—1参照）。

カスケード方法が採択されたのは、ザンビアの現状では、現職普及員研修の対象者が多く（約2,000名）、中央レベルでの集合研修や、限られた上級講師（マスタートレーナー）複数名が全国・全郡を巡回する研修は予算的に難しいからである。ただし、効果的で質の高い普及員能力強化をカスケード式で行うためには、高い能力を持った講師を州や郡で数多く育成することが鍵となるため、講師研修を充実させること、および教材開発が必要であるとされた。そのため、州や郡のスタッフを中心に、研修実施経験のある中堅職員による州を超えた活動が提案され、マスタートレーナーを任命することになった。

図５－１　マスタートレーナー概念図

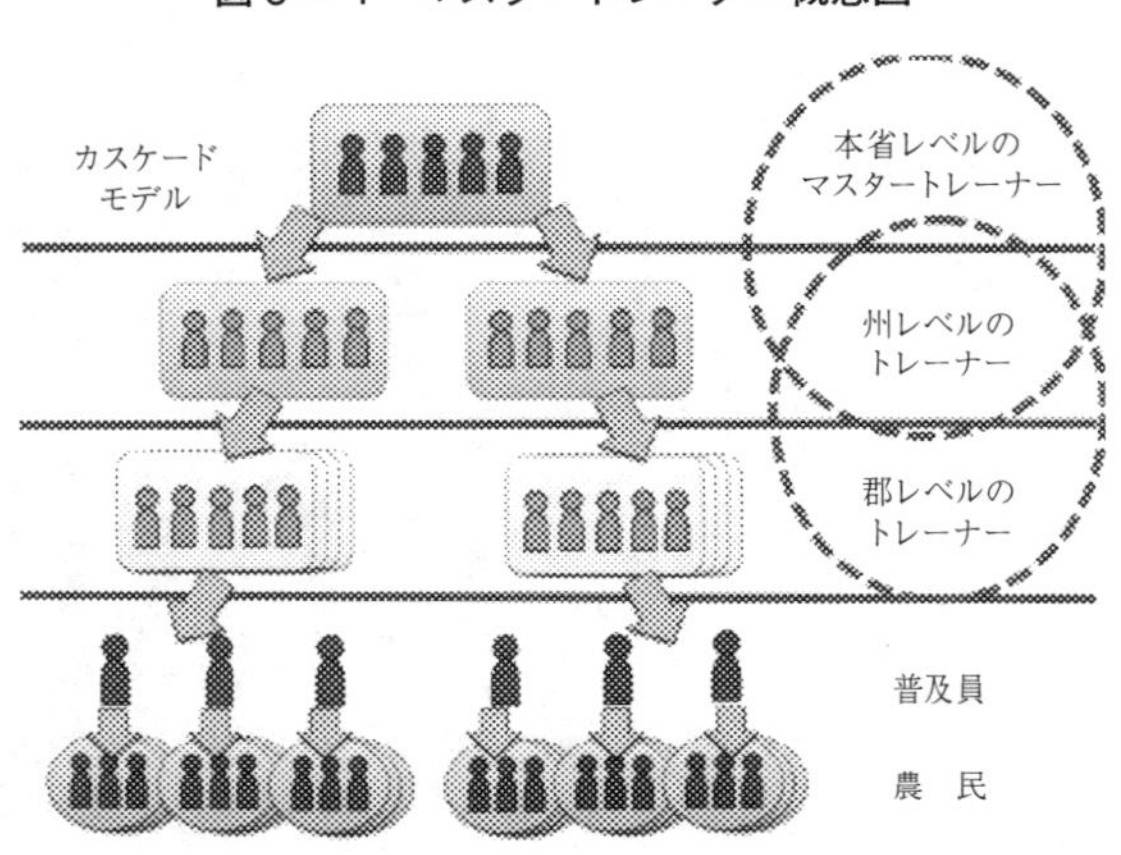

マスタートレーナーによる研修プログラムおよび教材の作成は、研修に必要な教材を構成する各単元を作成して、全国共通で使える（ようひとまとまりに）するとともに、地域特性を担保することが必要である。そこで、各単元の開発には州や郡の担当者が地域独自の情報・経験を盛り込むことのできる余地を残すことが提案され、マスタートレーナーはまず共通の単元項目の教材の開発を進めることになった。

マスタートレーナーは、２０１２年に農業畜産省職員20名で発足した。異動や留学のため何名かの入れ替わりを経て、２０１４年には州レベルにおける研修運営強化のため、各州平均３名となるようにマスタートレーナーの追加任命を農業畜産省次官名で行い、本省各局の職員を合わせて45名体制となった。

研修教材開発

研修教材の開発はマスタートレーナーを中心に行われ、成果品として、「トレーニングリソースガイド」と「普及マニュアル」が編纂された。編集作業は主にマスタートレーナーワークショップで進められ、外部のコンサルタントや専門家の手を借りることなく、マスタートレーナーたちだけで行った。プロジェクトが支援したのは、ワークショップの開催、印刷費用、成果品への助言のみで、編集作業そのものには原則関与しなかった。これは、ドナーが支援したコンサルタントによる教材作成に慣れている彼らに、自分たちの経験と知識をベースに教材を作成してもらい、自分たちの教材として研修に活用してもらいたいという意図があったからである。

また、普及員研修、新人職員導入研修、講師研修を通じて開発された教材（プログラム、パワーポイント資料など）は研修パッケージとして整理され、全州の農業事務所に電子媒体で配布され、州・郡レベルでの研修に活用できる体制が構築された。

表5－1　講師研修

No	研　修	州	実施日	参加人数
1	第1回ルサカ州講師研修	ルサカ	2012年 9 月10日～14日	21
2	第1回北部州講師研修	北　部	2012年 9 月17日～22日	26
3	第1回西部州講師研修	西　部	2012年 9 月24日～28日	21
4	第2回西部州講師研修	西　部	2013年10月 9 日～11日	9
5	第2回ルサカ州講師研修	ルサカ	2013年10月16日～18日	14
6	第2回北部州講師研修	北　部	2013年12月11日～13日	13
			総　計	104

講師研修の実施

講師研修は、まずプロジェクト対象州3州（ルサカ州、北部州、西部州）で2回ずつ実施された（表5―1参照）。1回目の講師研修は主に講師の知識の底上げを目的とし、普及員研修の内容を講師役となる職員が、しっかりと理解することを目的に実施された。講師に選ばれた農業畜産省職員の多くは、農業関連の知識と経験は豊富だったが、これまで研修・講義の仕方を系統的に学ぶという機会が皆無であった。2回目の講師研修は、実践的な講義のプレゼンテーション力に重点を置き、実習と講義両方を実習形式として行った。この研修を通して講師に選ばれた職員は、主な現職普及員研修で使用する教材開発（レッスンプラン、プレゼンテーション教材、実習教材）と、ファシリテーションスキルの向上を目指した（図5―2参照）。この講師研修は、プロジェ

図５－２　講師研修の構成

成果

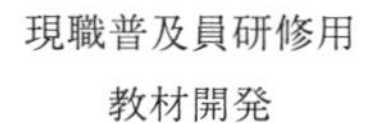

研修講師の
ファシリテーション
スキルの向上

普及員研修講師の
ファシリテーション
スキル

クト対象州以外の7州でも、2014年に他ドナーとの連携で実施され、全国で統一した講師育成が初めて行われた。

新人普及員研修の実施

2012年、ザンビア政府は雇用創出の一環として、多数の新規公務員の採用を行い、農業畜産省においても普及員を含む多くの新人職員が採用された。しかし、農業畜産省では、これまで述べてきた通り、系統だった仕組みとして新人職員研修がまったく存在していなかった。そこで、プロジェクトでは新人普及員を対象に、系統だった研修を実施することにした。この新人普及員研修は、プロジェクトとして計画当時には想定していない活動だったが、農業局長からの強い要請もあり、プロジェクトから資金・技術支援を提供し、マスタートレーナーを中心に全国300名の新人普及員（そのうち農業普及員は220名程度）に対して4日間の新人研修を各州で開催した（表5—2参照）。プロジェクトのカウンターパートたちの話では、新人職員（普及員）研修が開催されるのは、十数年ぶりとのことであった。そして新人職員（普及員）研修の実施は、これまでマスタートレーナーたちが、自分たちで整備してきた研修教材・プログラムコンテンツが利用される初めての実践の場となり、

表５－２　新人職員導入研修

No	研　修	州	実施日	参加人数
1	新人職員導入研修 2013	西　部	2013 年 3 月 18 日～21 日	25
2	新人職員導入研修 2013	北　部	2013 年 4 月 15 日～18 日	22
3	新人職員導入研修 2013	西　部	2013 年 5 月 6 日～ 9 日	35
4	新人職員導入研修 2013	コッパーベルト	2013 年 5 月 6 日～ 9 日	18
5	新人職員導入研修 2013	東　部	2013 年 5 月 13 日～16 日	26
6	新人職員導入研修 2013	南　部	2013 年 5 月 13 日～16 日	43
7	新人職員導入研修 2013	ルアプラ	2013 年 5 月 20 日～23 日	34
8	新人職員導入研修 2013	北西部（第１グループ）	2013 年 5 月 20 日～23 日	35
9	新人職員導入研修 2013	北西部（第２グループ）	2013 年 6 月 3 日～ 6 日	41
10	新人職員導入研修 2013	セントラル	2013 年 6 月 3 日～ 6 日	23
			総　計	302

彼らの講師としての質と気質の向上に大きく貢献する機会となった。

この研修を通じて完成した新人研修プログラムは、欧州連合（ＥＵ）が支援するプロジェクトの農業畜産省全職員向けの研修においても重要な教材として活用された。また、一部の郡では独自の少ない予算をさまざまな部門・活動から集めて、これらの研修教材・プログラムを利用した新人研修を実施しているケースも出てきて、プロジェクトの成果が大きく波及することになった。もともとザンビア政府による新人職員の大量採用は、プロジェクトとして予期せぬものであった。マスタートレーナー制度の開始からほぼ1年というタイミングと重なったこともあり、3カ月程度で300余名の新人職員へ研修を行うことができたのは、マスタートレーナーが育成され、教材・プログラムが作成されていたことによるところが大きい。まさにプロジェクトで支援してきた研修講師人材育成がタイミングよく活用され、大きな成果をあげた一例といえる。

普及員研修・講師研修の全国展開

現職普及員研修および講師研修は、プロジェクト対象州での実施を通じて整備され、新人普及員研修により、全国10州での研修実施ノウハウも得ることができた。そして、2014年から新人/現職普及員研修パッケージを、プロジェクト対象州以外の全州に展開していった。

この現職/新人普及員研修の全国展開は、これまでのドナープロジェクトやNGO支援のように限られた地域や研修トピックにとどまらずに、農業畜産省の州・郡事務所の研修計画として実施することに意義があることを、州・郡の農業事務所関係者が自覚することが大切だった。また、単に全国で研修を実施するということではなく、成果4と関連して、郡普及戦略に基づく研修の実施、そして（展示圃場）の管理、モニタリングに至るまでの一連の普及マネジメントを実践することが重要であることが強調された。

研修制度の体系化

２０１４年4月、新たに任命されたマスタートレーナーを含む総勢45名による第6回マスタートレーナーワークショップが開催された。このワークショップでは、これまで実施してきた現職普及員研修、講師研修および新人職員（普及員）研修の体系化が行われた。

農業畜産省には研修に関する体系的な文書がなかったため、体系化のプロセスは、プロジェクトで実施支援してきた研修の経験をベースに、農業局および農業畜産省全体の研修としての整理が行われた。

現職普及員研修は、プロジェクトとして定期的な研修サイクルの定着を狙っていたので、マネジメントの領域から技術研修まで幅広い能力開発の機会を提供する研修基本構造として位置づけられた（表5―3）。

これまで農業畜産省は、研修コンサルタントを雇ったり、海外短期研修への派遣など、不定期に研修を実施していたが、研修内容や教材は、ザンビアの行政事情・農業畜産省の現状

表5－3　研修対象と目的

研修の種類	研修対象スタッフ	目　的
現職研修	普及員，ブロック普及員，畜産普及員，準技師，獣医助手，水産普及員	デモや普及手法に関する実践的な技術と知識の向上
講師研修	現職研修講師（郡上級農業官，専門技術員等）	研修計画・教材作成と研修実施に関する知識と技術の向上
新人研修	新規採用職員	農業畜産省職員としての基礎的な業務知識の習得
マネジメント研修	州農業調整官，郡農業調整官，郡・州レベルの管理職	戦略的な普及サービスの提供とマネジメント知識の習得

を反映させたカスタマイズされたものではなかった。だからこそ、プロジェクトが支援して実施構築してきた、ザンビアの現状を反映したザンビア人講師による研修教材作成、講師育成、研修実施の経験（事業実施）の意義は、人材育成においてとても高いと言える。

マスタートレーナー制度の意義と今後

もともと農業畜産省では、自分たちで教材を作り、研修を運営するという視点がほとんどなかった。前述のとおり、マニュアルは外部のコンサルタントが作って納品するものであり、研修は、プロジェクトベースの特定のものであったり、外部の研修機関へ行くか、あるいは講師としてただその場で話すだけという考えが根強かった。研修プログラムを立案し、予算を作り、レッスンプランや教材を準備し、実施後には、研修の評価・分析をレポートに書く、という一連の作業は彼らにとってはまったく新しいことであり、得意とするところではなかった。しかし、農業畜産省のスタッフの業務内容の1つとして、研修は明記されており、実践的な研修の計画・実施能力向上は、彼らの業務遂行にとって重要な課題であった。2014年の第6回マスタートレーナーワークショップでは、マスタートレーナー初期メンバーの1人が「(第2回ワークショップで)2週間こもったワークショップでようやく自分がやるべきこと、プロジェクトが我々に期待していたことが理解できた」と発言していた。いままでは彼ら自身で研修を運営し、評価レポートまで書くことができる州もでてきた。プロジェクト開始当時、専門家が、研修の企画立案から予算作成、評価分析まで一挙手一投足で支援していた頃から比べると大きな変化だと言える。昨今、研修を含めドナー支援のプロジェクト/活動の多くが外部委託され、コンサルタントが「活動」を実施し、主体者であるはずの農業畜産省スタッフは、活動に「受益者として参加」するか、委託コンサルタントの活動成果を監督・評価するという立場にいる場合が多く見受けらる。「実践経験」のない業務内容を監督・評価するという立場ではなく、やはり「自分たちでやる能力・経験」を積むということが、本当のキャパシティビルディングにつながると、プロジェクトでは考えたわけである。

こうしたマスタートレーナーたちの活動は、彼らのキャリアの面にも変化をもたらすようになった。マスタートレーナーの何名かは州農業局のトップ（ＰＡＯ）や郡調整官（ＤＡＣＯ）に昇進し、州・郡内の農業行政全般の責任者として活躍するようになった。今後、マスタートレーナー出身者が州や郡の重要なポストに就くことによって、トップからの意識改革が進むことが期待される。

そしてプロジェクトの最終年に確信されたのは、マスタートレーナーたちは教材開発のための単なるチームではなかったことである。つまり、彼らの活動自体が、彼らの能力強化そのものであったと言える。

今後の課題

マスタートレーナー制度の導入は、プロジェクトからの提案で農業局、特に農業普及マネジメントを管轄する農業助言課（Aivosrory Service Branch）が主導で構築してきた。しかし、同制度の導入に関係してきたメンバーは、農業局のスタッフに限らず、本省・州レベルの畜産局、水産局、農業研究所のスタッフなども含まれていた。次官によるマスタートレーナーの正式任命と明確な委託職務内容（ＴＯＲ）の関係者への周知も２０１４年10月に行われ、彼らはマスタートレーナーとして正式に農業畜産省内で認識された。

マスタートレーナー制度は、特定の作物栽培や養殖等に関する技術的な専門知識だけでなく、研修手法や計画・実施、普及計画・手法等の研修内容全般にわたる幅広い知識と企画・調整能力が求められる。今後、本省・州・郡レベルで、部局ごと、あるいは特定の作物の技術的な研修のみを別々に実施するのではなく、「普及員」に求められる研修を、部局の枠を越えて効率的・効果的に実施していく体制を定着させることが課題である。

指標達成度と成果品

成果指標の1つ目である「普及員研修の体系化」は、普及員に限定されず、導入研修や管理職研修まで含む研修体系として整備された。指標の「研修プログラムの作成」については、対象州での普及員研修および講師研修の実施を通じて、研修教材のパッケージおよび講師向けガイドが作成・編集された。新人普及員研修は、プロジェクト実施中に多くの新人普及員を採用した農業畜産省の強い要望でもあり、開発中のパッケージを活用して全国10州で実施された。普及員研修および講師研修も、最終的にはプロジェクト対象州以外の地域への展開が農業畜産省によって進められた（表5―4参照）。マスタートレーナーの任命は、全

表5－4　成果2の主な成果品

成果品	概　要
トレーニング・リソース・ガイド（Training Resource Guide）	普及員研修の講師向けガイド（102頁）
普及員マニュアル（Extension Manual）	普及員向けマニュアル（111頁）
研修枠制度（組み・体系）（Training Framework）	マスタートレーナー制度および役割（Terms of Reference/TOR）研修体系資料
現職普及員研修用パッケージ（In-Service Package）	普及員研修のプログラム，プレゼンテーション資料一式。
新人普及員研修用パッケージ（Induction Package）	新人導入研修のプログラム，プレゼンテーション資料一式。
講師育成研修用パッケージ（Training of Trainers Package）	講師研修のプログラム，プレゼンテーション資料一式。

国10州より延べ52名が任命され、成果2の活動にとどまらず、成果4や5の活動においても、また農業畜産省内においても中心的な役割を担う人材となった。

成果2のまとめ（インパクトと持続性）

成果2において特筆すべき点は、研修体系の文書化、教材開発といったハード面だけでなく、人材（普及員）育成のための人的な面での実質的な全国展開を成し遂げた点だと言える。2014年の講師研修の全国展開では、各州3名ずつ任命されたマスタートレーナーが中心となり、州ごとに企画、実施しており、すでに日本人専門家の直接の関与なくこれらの研修を担えるようになった。また、マスタートレーナーたちが構築してきた研修制度・教材等は、州や郡レベルで、プロジェクト対象地域以外でも、農業局独自の予算で実施・活用されるようになった。

これらの研修の仕組みは、もちろん今後もザンビア政府農業畜産省独自の研修予算を増加させ、実施・活用されることが望まれるが、活動予算が非常に少ない現状において、農業畜産省がどれだけ独自の予算を研修に割り当てることができるか、残念ながらプロジェクト終了時の時点（２０１４年12月）ではわからなかった。実際、農業セクター全体の投資計画（ＮＡＩＰ）が策定されていたが、予算不足が課題で、普及分野への投資も含めてドナーの協力で改善したい要望が農業畜産省にあった。したがって、プロジェクトでは、農業畜産省の人材育成・マネジメント向上を目指している他ドナーのプロジェクトが、これらの研修制度を積極的に導入するよう農業畜産省とドナー間の連携を支援してきた。

また、前述のとおり、マスタートレーナーの何名かは、農業畜産省郡事務所を統括する郡農業調整官（ＤＡＣＯ）のポストに昇進していた。これまで予算の面でも内容の面でも、農業畜産省内の局を越えた調整が課題であったが、マスタートレーナーたちがこれらのポストに就任することにより、必要予算を郡レベルで異なるセクションから計上し、研修が効果的に実施されることが期待される。

第6章　研修とデモ（展示圃場）の実施（成果3）

普及サービスが抱えていた課題

プロジェクトが目指した農業普及サービスの向上は、現場の普及員の能力が向上し、普及サービスを実践することである。したがって、プロジェクトの成果3「農業普及員の実践的能力の向上」は、プロジェクトの中心的な最も重要な成果である。

しかし、これまで述べてきたとおり、普及員は担当地区（キャンプ（Camp）と呼ばれる）に1人で駐在するという特異な職場環境からも、普及員の能力開発のみならず、普及サービスの現状を郡事務所が把握することすら十分ではない〝放置された状況〟が続いていた。

そのため、成果3のシナリオとして、研修を通じて普及員の能力が向上し、その普及員がデモを実施し（普及サービスの量的拡大）、さらにそのデモが地域の特性に合ったものであ

表6－1　成果3とPDM指標

成果3	プロジェクト対象地域（郡・州）の普及員の実践的普及サービス能力が向上する。
PDM指標	プロジェクト対象地域（郡・州）で研修を受講した普及員の80％以上が，実践的な普及知識と能力が向上する。
	プロジェクト対象地域のムチンガ州および北部州の郡のキャンプおよびブロック担当普及員の少なくとも70％以上が，2013/2014年農期シーズンに少なくとも5つのデモをそれぞれの担当エリアに設ける。
	プロジェクト対象地域のムチンガ州および北部州の郡のキャンプおよびブロック担当普及員が，2013/2014農期シーズンに設けたデモの少なくとも30％以上が適正技術のデモである。

る（普及サービスの質的拡大）という流れを意図して、以下3つの成果指標を設定した（表6―1参照）。

なお、指標の1つ目の知識レベルの向上に関して、研修実施前後のセルフチェックテストにより理解向上度を計測することになったが、この点については、日本人専門家とカウンターパートの間で議論が分かれた点である。当初、日本人専門家は、日本と同様な普及員の資格制度のような試験を導入・実施することを提案していた。しかし、当時の農業局長から、プロジェクトマネジメント会議で「すでに普及員というポジションにいる職員は、その能力があるから任命されたのであって、試験や資格などでふるいにかけることはザンビアの文化になじまない」と強く反対され、資格制度は採用されなかった。ただし、他に普及員の能力自体を把握する手段が存在しなかったため、妥協案として、研修内容の理解度の確認という〝優しい〟指標が設定されたわけである。

普及員の理解度向上

研修時の普及員の理解度向上測定は、正誤式で20~100問の理解度チェックテストを研修の初日と最終日に同じ問題で実施し、研修による理解の向上を確認した。チェックテストの内容は、講義内容もしくは参考書を中心に作成した。2014年8月時点で、計13回の研修でチェックテストを実施し、延べ342名の研修受講普及員のうち、289名(84・5%)で研修内容の理解度向上が確認された(表6—2参照)。

表6－2　普及員研修チェックテストの結果

研　修	郡	実施日	向上率
ルサカ州パイロット研修	カフエ	2011年6月28日～7月1日	80%
ルサカ州乾季前研修（2011/2012）	カフエ	2012年3月19日～21日	73%
ルサカ州雨季前研修（2012/2013）	カフエ	2012年12月3日～6日	88%
ルサカ州雨季前研修（2013/2014）	ルサカ州全郡対象	2013年10月28日～30日	97%
北部州パイロット研修		2011年8月15日～19日	96%
北部州雨季前研修（2012/2013）	チンサリ カプタ	2012年10月9日～12日	81%
北部州雨季前研修（2012/2013）	ンポロコソ ルウィング	2012年10月16日～19日	97%
北部州乾季前研修（2012/2013）	チンサリ カプタ	2013年2月12日～15日	97%
北部州雨季前研修（2013/2014）	チンサリ カプタ ンサマ	2013年9月17日～20日	85%
北部州雨季前研修（2013/2014）	ルウィング ンポロコソ カサマ	2013年9月24日～27日	55%
北部州乾季前研修（2013/2014）	チンサリ シワガンドゥ カプタ ンサマ	2014年2月25日～27日	93%
北部州乾季前研修（2013/2014）	ルウィング ンポロコソ	2014年3月3日～5日	96%
西部州パイロット研修	モング	2011年11月14日～19日	85%

※向上率の計算：研修前／研修後で点数が改善された受講者÷全受講者

表6－3　北部州／チンサリ州プロジェクト対象郡の年別デモ設置数の推移

郡（キャンプ数）	デモの数					
	2009/10	2010/11	2011/12	2012/13	2013/14	増加率
チンサリ（17）	N/A	N/A	65	167	131	2.0 倍
シワガンドゥ（9）	–	–	–	–	26	–
カプタ（4）	3	21	35	27	39	13.0 倍
ンサマ（6）	–	–	–	47	50	–
ルウィング（13）	N/A	18	75	34	93	5.1 倍
ンポロコソ（19）	16	29	70	66	87	5.4 倍
合　計	19	68	245	341	426	22.3 倍

旧郡単位で集計。チンサリはシワガンドゥ，カプタはンサマを含む。

デモの実施

プロジェクト開始当初、郡農業事務所の職員が、普及員が設置している栽培推奨作物／農法等のデモの数を正確に把握できていない状況であった。このこと自体も大きな課題であったが、聞き取り調査等を通じて確認されていたデモの数もわずかだった。それが２０１３／２０１４シーズンでは、プロジェクト対象郡で４００を超えるデモが設置されるまでになった（表6―3参照）。北部州では、1人の普及員が最低5カ所（5種類）のデモを設置することを指導し、２０１３／２０１４シーズンは72％の普及員が5カ所以上のデモを設置したのである。そのうち9つの普及員担当地域（キャンプ／Camp）で10カ所以上のデモを設置しており、最も多かったキャンプはチンサリ郡の

表６－４　適正技術デモの設置割合

郡（キャンプ数）	2013/2014 シーズン		
	デモ総数	適正技術デモ数	割　合
チンサリ（17）	131	77	58.8%
シワガンドゥ（9）	26	18	69.2%
カプタ（4）	39	23	59.0%
ンサマ（6）	50	23	46.0%
ルウィング（13）	93	51	54.8%
ンポロコソ（19）	87	54	62.1%
合　計	426	246	57.7%

2013/14のデモ数は，乾季作分が含まれていない。

ＦＴＣキャンプで、18カ所のデモを設置していることが報告された。

適正技術の普及

普及員のデモの設置に際しては、単に本省（国）が推奨する作物栽培のデモだけでなく、地域に合った普及サービスを測る目安として、北部／チンサリ州として推奨している14種類の適正技術のデモの割合を指標とした。これは、５つ以上のデモを実施するという量的指標に対し、デモの質的指標として位置づけている。適正技術の特定が完了し、本格的に普及体制に入った２０１３／14シーズンでは、デモ総数に占める適正技術の割合は、平均して５割を超えるまでになった（表６―４参照）。

プロジェクト対象地域以外のデモ実施

プロジェクトとして、デモ設置のための投入資材を支援していない北部州対象郡以外の地域においても、デモの実施が広がっていった。北部州プロジェクト対象郡では当初、一連のデモ設置までのサイクルを実施するために、デモ設置に必要な投入資材の支援も行ったが、注目したいのは、それら投入支援を行わなかったルサカ州、西部州における独自に投入資材を確保してのデモの設置である。

２０１３／14年度の雨期前に実施されたルサカ州および西部州での普及員研修では、デモ実施記録用のログシート（log sheet）、投入資材（種子、肥料）が州事務所から各郡へ支給された。このうちルサカ州では、州事務所が民間の種苗会社と交渉し、メイズ、大豆等の種子と肥料が各郡の普及戦略に基づいて配布されたのである。また、この普及員研修では、ＪＩＣＡが支援するもう1つの農業プロジェクト「米を中心とした作物多様化推進プロジェクト」（Food Crops Diversification Support Project focusing on Rice Production/FoDiS-R）との連携により、アフリカ陸稲品種のネリカ米（ＮＥＲＩＣＡ）のデモを実施するための技術研修が組み込まれ、同時にデモ用の種子が配布された。西部州の普及員研修においては、農業畜産省が実施する小農支援のプログラム「農民農業投入物資支援プログラム」（Farmer

Input Support Programme/FISP）の対象作物であるネリカ米（NERICA）ときび（ミレット）の種子が州事務所から各郡に配布され、普及員がこれらの奨励穀物のデモを設置した。

今後の課題

普及員の実践的能力向上については、プロジェクト開始当時に資格制度の設立が断念されたことにより、目指すべき普及員の知識レベルや技術レベルが明確に確定していない状況となってしまった。マスタートレーナーたちにより確立された研修体系および研修パッケージプログラムにより、普及員に求められる実践的技術と知識は、ある程度明確になったが、それは研修制度の構築により後付けでできたものであり、どの程度の習得度をもって普及員とするのか、それをどうやって対外的に（農民や他のステークホルダー）示すのか、という点は依然、課題として残ってしまった。

また、デモに関しても、デモの設置と管理（記録）のために開発されたログシートおよびデモカレンダーといったツールは、プロジェクト終了時には、プロジェクト対象州の北部州／ムチンガ州でしか本格的な実用段階にいたらなかった。その他の州に関しては、郡上級農業官（SAO）研修および普及戦略の策定等を通じて、デモ管理の必要性を広く伝えてきたが、今後全国で北部州のレベルのようにデモ管理がされるためには、州および郡管理職による普及マネジメントの継続が求められている。

また、普及員の活動成果を中・長期的に評価するには、適正技術の導入・普及による農業生産・生産性の向上を中・長期的に定量的に確認することが望ましいのは言うまでもない。そのためには、州・郡レベルでの戦略的な「農業計画」の策定が望まれ、同計画に設定された目標・目的達成のための普及活動（普及計画）の重要性を明確に位置づけることが望まれる。プロジェクトでは、多くの農業セクターの他のプロジェクトが採用する、ある特定の作物／穀物に特化した生産量／生産性向上支援というアプローチをとらず、包括的な農業／農村の向上のための仕組みづくりに焦点をあててきた。これは、小農の多くが、ある特定の作物のみを生産し生計を立てているのではなく、さまざまな農作物を自給のため、販売のため、そして農地の持続性維持のために栽培しているという状況を重視し、そうした農業形態の持続的な改善を目指す普及サービスの提供を重視したからである。

表6－5　成果3の主な成果品

成果品	概　要
セルフチェックテスト	研修実施時のセルフチェックテストサンプルおよび分析シート。
デモカレンダー	郡別キャンプ別の年間デモ計画表。

指標達成度と成果品

成果3の1つ目の指標である「普及員の理解度の向上」は、セルフチェックテストが実施された研修については、おおむね8割以上の理解度の向上が見られた。ただし、前述のとおり、客観的な知識や技術の習得度を測るための資格制度の導入が実現しなかったことによる課題も残っていた。農業畜産省本省内では、保健セクターや教育セクターでは、看護師や教員としての資格・有資格者協会のメンバーであることが義務づけられている事例から、同様な農業関係事業従事者の有資格者協会の設立を提案する声もあった。プロジェクト期間中に、ザンビア大学農学部有識者を中心に、農業技術者協会の立ち上げの議論が始まったが、プロジェクト終了時（２０１４年12月）には、議論が継続されている状況であった。

成果3のもう1つの指標であるデモ総数は、５カ所以上のデモを設置した普及員がプロジェクト対象北部／チンサリ州の郡で72％に達し、目標の70％を達成した。そのうち適正技術の特定は、目標の3割を大きく超え、全体平均として57・7％に達した。

成果品については、成果1および成果2の成果品を活用しており、成果3としての主な成果品はセルフチェックテストとデモカレンダーになる（表6―5参照）。

成果3のまとめ（インパクトと持続性）

成果3において特筆すべき点は、デモ数の飛躍的な増加である。農業普及の中心的な活動がデモの設置であると位置づけたプロジェクトとして、普及サービスの提供という観点から、全成果の中でも最も重要な点に著しい改善があったことには大きな意味があった。

北部／ムチンガ州におけるデモは、単純に数が増えたということだけではなく、普及戦略に基づくデモ計画という一連の普及マネジメントのプロセスの結果であった。その過程でNGO、民間の農業資材関連企業、他ドナー支援プロジェクトによる投入を活用していることは、活動の持続性のポイントとしても挙げられる。言い換えれば、成果3はそれだけで独立した活動ではなく、普及戦略から地域に合った技術の特定、研修を通じた能力強化とデモの実施、モニタリングを通じた状況把握と改善といったサイクルの中で実現されるものであり、成果3の持続性はプロジェクトの持続性そのものだったと言える。

第7章　モニタリングとフィードバック（成果4）

州・郡のマネジメントが抱えていた課題

成果4（キャンプ・ブロック、郡、州による普及活動モニタリングおよびバックアップ能力が強化される）の出発点は、本省、州、郡、普及員の各レベル間の情報共有が十分ではなく、農民の抱える問題点を本省、州、郡の職員が十分に把握できないために、満足な普及サービスができていないという問題である。特に顕著だったのが、著しく低い普及員からの報告書の提出率であり、プロジェクト開始前の調査では、普及員の月次、四半期、年次報告書の提出率は3割に満たなかった。そのため、まず郡事務所が普及員の日々の活動を把握することから、成果4の取り組みが始まった。

このような背景から、成果4のプロジェクト・デザイン・マトリックス（PDM）の表記上は、モニタリングとフィードバックとなっていたが、実際に対象としている範囲はもう少し広く、州・郡における普及マネジメント全般とした。モニタリングの目的が、成果1～2（適正技術の特定から研修の実施）を成果3（普及サービスの向上）に確実につなげることで（図7―1参照）、また第Ⅰ部第3章で述べたように、農業普及計画がないことにはモニタリングができないということが徐々に見えてきたため、農業普及計画を含めた普及マネジメント全体を対象とするようになっていった。

ここでいうモニタリングの向上は、前案件の孤立地域プロジェクトのマイクロプロジェクトのモニタリングのように、プロジェクト予算で特定の活動のみを詳細に追うものではない。マイクロプロジェクトも含めた普及サービス全体の活動を、普及員、郡、州、それぞれのレベルで把握、分析、対処（フィードバックや共有を含む）していくことであると定義し、いわゆる一過性のプロジェクトのためのモニタリングではなく、ドナー支援の活動の有無にかかわらず「普及サービス」全体のモニタリング体制の構築を目指した。

普及サービスマネジメントの重要な課題として、モニタリングをシステムとして定着させるために、モニタリング活動は、ドナーの一過性のプロジェクト予算に依存しない、農業畜産省の限られた予算、限られた人材、さらに限られた組織内伝達能力（コミュニケーション）で実施できるようなものを模索しなくてはならない。

図7－1　成果4の中心課題と目的

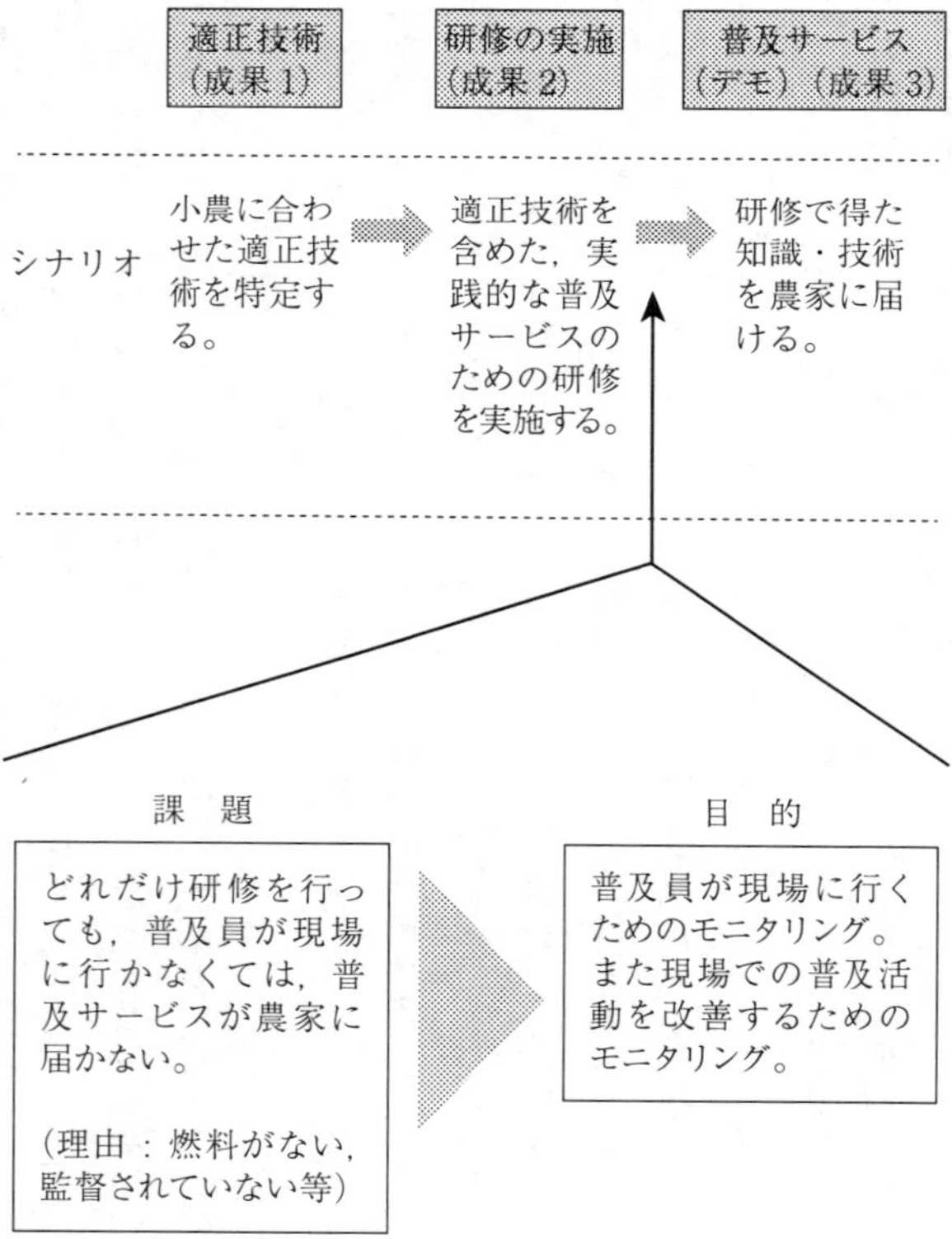

適正技術（成果1）	研修の実施（成果2）	普及サービス（デモ）（成果3）

シナリオ

小農に合わせた適正技術を特定する。 → 適正技術を含めた，実践的な普及サービスのための研修を実施する。 → 研修で得た知識・技術を農家に届ける。

課　題

どれだけ研修を行っても，普及員が現場に行かなくては，普及サービスが農家に届かない。

（理由：燃料がない，監督されていない等）

目　的

普及員が現場に行くためのモニタリング。また現場での普及活動を改善するためのモニタリング。

普及員と郡のコミュニケーションの問題は、州と郡のコミュニケーションにおいても同様で、州のレポートが本省に上がってこないことを問うと「郡からレポートが来ないので、州のレポートも書けない」とあたかも他人事のように言うなど、州としての監督責任の意識が希薄であった。そのため、普及の現場を監督するのは、郡事務所のマネジメントが中心であるものの、州、郡、普及員ごとの課題を整理して、それぞれに対してアプローチを定める必要があった（図7―2参照）。

また成果4は、報告書が提出されないという根本的な問題から出発しているため、「成果1～2を成果3につなげること」を目指しているものの、段階的なマネジメントの向上が第一だ。そもそも報告書の提出は、やる気や能力の問題以前の、公務員として最低限の職務であるため、まずは上司の監督責任のもとに遂行されることを最初のステップとした。そして最低限の職務が遂行されたうえで、普及員への指導や支援を通じて成果の発現を目指したのである（図7―3参照）。

図7－2　ターゲット別課題とアプローチ

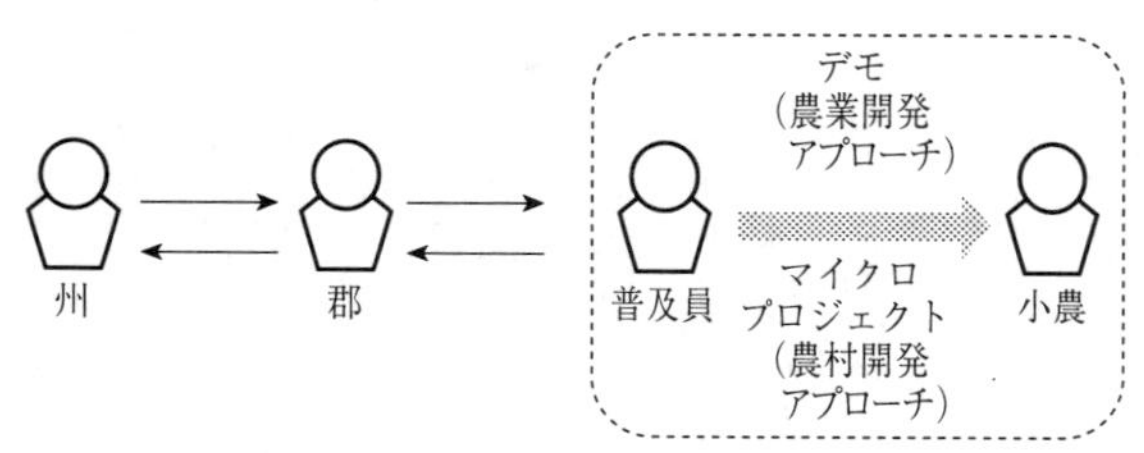

	州のモニタリング	郡のモニタリング	普及員のモニタリング
課題	・郡の活動を把握できていない／サポートできていない	・普及員の活動を把握できていない（レポート提出・文書管理） ・普及員が何をどれだけ普及すればいいかわかっていない（郡の計画の欠如）	・計画的な活動と記録ができない ・普及員が現場に行かない
アプローチ	・農業ショーを目標とした年間のPlan/Do/See サイクルの導入 ・レポート提出およびフィードバックの促進	・農業ショーを目標とした年間のPlan/Do/See サイクルの導入 ・レポート提出およびフィードバックの促進 ・文書のファイリングおよび分析	・普及員手帳による計画および活動記録

図7－3　成果4の考え方

	期待される成果
Level 1（職務の遂行）	最低限，業務として必須のレポートが適切に提出される。（指標 4-1）
Level 2（行動の改善）	郡から普及員へのフィードバックを通じて，普及活動の改善が図られる。（指標 4-2）
Level 3（成果の発現）	普及活動の改善を通じて，デモ数の増加（指標 3-2），農民の満足度などの成果が達成される。

マネジメントサイクル

報告書の提出率の低さなど、これまで明らかになった課題に1つずつ対応していくことは重要であるが、そもそも成果4の目的は、レポート提出率が上がることではなく、それによって普及サービスが改善することである。そのため、局所的な改善に執着して個別最適に陥らないため、まず全体像として普及マネジメントサイクルを整理することにした。

モニタリングするということは本来、活動計画があって、その計画に従って活動が行われているかをモニタリングするというものである。しかし、そのような普及活動計画の不在からか、郡や州レベルのモニタリングの実態は、ドナー予算がついている活動だけのモニタリングや、単発的にモニタリング予算がついたときに担当州・郡の一部のキャンプ普及員が現場に出張するといった状況であった。

表7－1　成果4とPDM指標

成果4	州・郡，キャンプ／ブロックにおけるモニタリング，補強支援の能力が強化される。
PDM指標	プロジェクト対象地域のキャンプ／ブロック普及員の報告書様式にそった定期報告書の提出率が，2014年には90%以上になる。
	プロジェクト対象地域のキャンプ／ブロック普及員が郡農業事務所のスタッフから助言・サポートを受けるようになる。
	マイクロプロジェクトのモニタリングが郡の普及活動モニタリングの一部として統合され，定期的に報告されるようになる。

普及活動のモニタリングの根本をたどっていくと、普及活動計画の不在がなによりの課題だったのである。

そのため、プロジェクトから普及マネジメントサイクルが提案された。それは6月から8月に郡、州、全国レベルで開催される農業物産展を起点とした農業カレンダーに沿って、年間計画を計画（Plan）－実施（Do）－評価（See）サイクルで考えるのというものである。

マネジメントツール

普及マネジメントの実践のために、いくつかのマネジメントツールが北部州のプロジェクト対象郡をモデルとして開発されていった。上記の普及マネジメントサイクルとこれらのツールは、「普

表７－２　マネジメントツール（全国展開）

No	ツール	概要と目的
1	普及員手帳（ADEOs）の利用	日々の活動の予定と実績の記録。上司のレビューおよびフィードバックを口頭ではなく，手帳に記載された事実関係をもとに行う。
2	報告書提出チェックリストおよび報告書ファイリング	報告書の提出状況を一覧化し郡事務所の壁に掲示し，報告書はキャンプ別に保管。開示により普及員の提出意欲を高める。
3	郡／ブロックミーティングの実施	月次，四半期の会議開催。普及員と郡事務所のコミュニケーションの促進を，給料日等の開催により交通費を節約して実施。

及活動マネジメントガイド」（Extension Management Guide）としてマニュアルに整理されている。その後、第６回マスタートレーナーワークショップで、これらのツール導入に関する議論が持たれ、全国どこの郡・州でも導入でき、かつ重要と判断された３つの必須ツールがマスタートレーナーにより選択され、２０１４年の全国郡上級農業官研修を通じて全州全郡に導入展開されていった（表７―２参照）。

レポート提出

本来、公務員として業務活動レポートの提出は１００％であるべきだが、現場の普及員から本省まですべてのレベルにおいて、レポートを定期的に出さないことが常態化していた。そこ

写真７－１　カラボ郡のチェックリスト（西部州）

写真７－２　ヌサマ郡のチェックリスト（北部州）

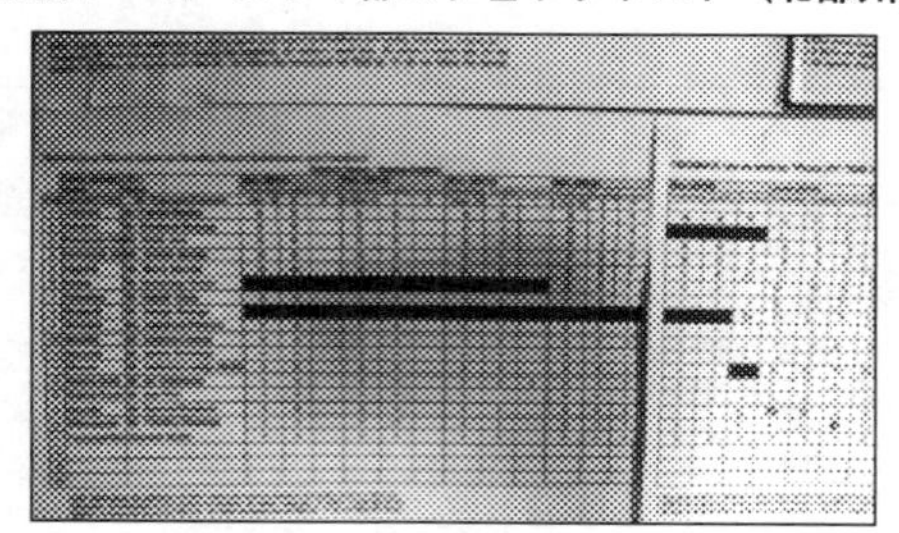

表７－３　レポート提出評価基準

レベル	提出のタイミング	内容の質 （報告様式に準拠しているか）
A	期限まで	とてもよい
B	期限から１週間以降	よい
C	期限から１カ月以降	ふつう
D	未提出	わるい

でレポート提出率を、組織階層間におけるコミュニケーションレベルの目安として位置づけ、レポートを出しても出さなくても同じという状態から、業務のために現場の情報が必要である、という状態に変えることを狙いとした。

具体的には、普及員から郡へのレポート提出の改善にあたっては、提出状況のチェックリストとファイリングを必須化し、またレポートの提出を評価するため、提出期限の順守と統一様式に沿っているかどうかを評価基準とし、その結果をチェックリストに書き込むようにした（表7―3参照）。

フィードバック

普及員のレポート提出に対する郡からのフィードバックは、プロジェクト中間評価の提言によりモニタリング専門家の任期を延長し、配属先が北部州農業事務所からルサカ州農業事務所に変更された2013年1月から本格的に取り組まれるようになった。

郡から普及員へのフィードバックに関する状況調査を進めていくと、多くの普及員が、上司が普及員のいるキャンプ（Camp）を訪れ対面で話をすることのみをフィードバックと考え、文書や電話での会話・助言をフィードバックとは捉えていないことが判明した。そのた

写真７－３　（左）シワガンドゥ郡のファイル（北部）
（右）ルクル郡のファイル（西部州）

め、郡の上司が電話等でフィードバックをしていたつもりでも、普及員からみれば、郡からのフィードバックがないという不満の原因にもなっていたのである。そのため、フィードバックの方法を、電話、携帯電話によるショートメッセージ（ＳＭＳ）、レター、郡事務所での会議、普及員担当地域キャンプ訪問の５つに整理し、郡事務所スタッフと普及員の間で共通認識を醸成することから始めた。そして、フィードバック実施の有無をレポート提出のチェックリストの項目に追加し、レポートを受け取った後に必ず郡職員が普及員にフィードバックすることを彼らの仕事の一部であると強調したのである。

フィードバックの実施状況およびその手段を、２０１０年と２０１４年で比較してみると、次のような変化がみられる。フィードバックの頻度を比較すると、１週間に一度から四半期に一度、少なくとも定期的なフィードバックを行う上司が41％から78％へ増加している（図７－４）。こうした変化は、郡事務所の

図7－4 フィードバック頻度の変化（2010/2014）

州／郡からのフィードバックの頻度

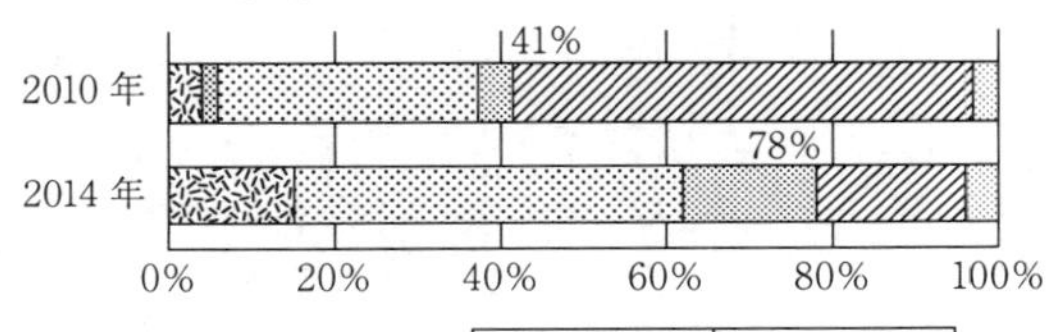

	2014 年	2010 年
週ごと	15%	4%
2 週間ごと	0%	2%
毎　月	47%	31%
四半期ごと	16%	4%
不定期	18%	56%
不　明	4%	3%

スタッフが普及員の活動をしっかりとモニターし、現場の活動の状況を理解していること、そして普及員と郡事務所のスタッフの間で、普及サービス改善のためのコミュニケーションがもたれるようになったことを現わしている。

上司からのフィードバックの頻度や手段が多様化した結果、現場での普及員へのフィードバックは格段に向上した。それは、プロジェクト終了半年前に実施したインパクト調査において、プロジェクト対象地域の普及員の75％が、上司からのフィードバックが改善したと答えていることからもうかがえる。

レポートの様式の統一

レポートの提出率の低さに加え、そもそも農業畜産省として普及員が提出する報告書様式が統一されていないことも課題だった。このため、普及員がレポートを提出しない理由として、「そもそも何を書いていいかがわからない」ということをあげる普及員すらいたのである。そのため、プロジェクトでは、まず北部州で試験的に統一報告書様式を作成し、その様式をもとに農業局としての普及員報告書統一様式を全国に導入していくことにした。この報告書様式は、普及員手帳にも掲載され、全国の普及員にその利用が周知された。

この全国統一の普及活動報告書が導入される前は、報告書を提出していても、ドナー支援プロジェクト活動だけの報告書であったり、不定期に突然、郡や州から求められる情報収集の報告であったりと、日々の業務全体を定期的に報告するものではなかった。この点は、前任の孤立地域プロジェクト実施時にも明らかになっていたことで、マイクロプロジェクトのようなドナーによって持ち込まれたものは、農業畜産省の通常の報告に載ってこないという課題があった。もちろん、孤立地域プロジェクトも農業畜産省が実施しているプロジェクトではあったものの、全国の普及員が定期的に提出するレポートではなく、プロジェクトのためのレポートとモニタリングのための報告書だったのである。同様に、農業畜産省で実施されていた他ドナー支援のプロジェクトもそれぞれの報告様式があり、レポートがばらばらに乱立していた。そこで、マイクロプロジェクトの報告を、既存の農業畜産省の普及員のレポートへと統合を図り、マイクロプロジェクトを実施する郡の四半期報告書に実施状況を記述することを推奨し、別の報告書を提出することをやめたのである。

郡上級農業官研修と郡の農業普及戦略

普及マネジメントの改善を進めていくと、普及サービスの向上には、普及員の上司である郡上級農業官のパフォーマンスが重要であること、そして第1部第3章でも述べたように、計画の不在が致命的な問題であることが明らかになってきた。郡上級農業官の作成する郡の年間活動計画と予算は、同農業官と郡農業調整官や郡農業計画官等のみで作成・共有され、実際に普及活動をする普及員たちとはまったく共有されていないという状況がほとんどの郡で常態化していたのである。

そこで西部州では、州農業局の取り組みとして、州レベルでの定期的なマネジメント会議が2010年からほぼ隔週で開催されるようになった。ここでは、農業局内の各セクションの代表がそれぞれ過去2週間の活動実績と次の2週間の活動予定を報告し、セクション間の情報共有と、局内共通の活動に関する認識の向上が図られた。また、北部州では州農業調整官（Provincial Agriculture Coordinating Officer/PACO）が、農業局だけでなく畜産局、水産局等、農業畜産省傘下の各局の代表を参集した会議を定期的に開催するようになり、北部州全体の活動内容の共有も図られたのである。

さらに西部州では、2012年から州農業官のかけ声で、郡上級農業官のマネジメント会議が四半期ごとに開催されるようになった。これは、プロジェクトの対象地域のみならず西部州全8郡（当時）を対象に開催され、プロジェクトの活動についても同会議を通じて共有し、普及員研修、アクションプランの作成、マイクロプロジェクトのモニタリング、報告書の提出状況、年間活動計画の作成状況などについて、プロジェクト対象郡以外の郡とも共有されるようになった。これら会議と普及員への研修を通して明らかになったのは、郡の年間活動計画や予算が普及員と共有されておらず、普及員の活動と郡の年間活動計画そのものがつながっていないことであった。そこで、西部州では、普及員研修および郡上級農業官のマネジメント会議を通じて、郡の年間活動計画を郡上級農業官／郡事務所スタッフと普及員が協同で作成するプロセスが導入された。

このような郡の計画と普及員の活動が乖離し、「郡」としての普及マネジメントが効果的にできていない現状を改善するために、全国の103郡を対象に、郡上級農業官の業務内容と役割を再確認させることにした。郡レベルでの管理職マネージャーとして必要な知識（国家政策、農業政策、農業投資計画、普及行政の枠組み、普及員監督、施設・機材管理のノウハウ等）を習得させ、郡ごとの普及戦略を作るための郡上級農業官（管理職）研修（郡上級農業官研修）を、2013年11月から2014年5月にかけて州ごとに全郡の郡上級農業官を集めて5日間実施した（表7―4）。この研修は、他ドナーからの資金協力も受けて開催されたのである。

この研修では、郡レベルでの農業普及責任者としての業務内容と、その手順の理解を徹底させ、次の3ステップで「郡普及戦略および活動計画」を作成させた。すなわち、①普及作物／技術のリストアップ、②4つの視点での評価、③活動計画への落とし込みである。

郡の「普及戦略」というと大げさに聞こえるが、その郡で何を、いつ、どこで、どのように普及するのか、それを郡（地域）の環境や資源を分析して、理由（ロジック）とともに明確にしたものが「普及戦略」である。また、そのような「主体的に」ものごとを考えるプロセスは、マネジメントに必要不可欠な要素であり、その面からも研修では郡による普及計画を作ることにした。それは日頃、郡上級農業官が郡の普及責任者として、自分の頭で考えるということをほとんどしていなかったという現実があったからである。自分の郡の能力や周りの環境をつぶさに分析することもなく、目的が不明瞭な活動を積み上げて予算計上し、要求どおりに予算がおりてこないと、それを理由に活動もしない。目的が不明瞭なため、活動の優先度も決められず、場当たり的な活動を積み上げて、結局なにも達成できず、その理由はいつも「予算がない」とう考えがあたりまえのように多くの郡の普及行政関係者に蔓延していたのである。このような受動的かつ非生産的な普及活動から脱却し、積極的な思考に転換するために、戦いに挑むときに必要な思考概念である「戦略（Strategy）」という言葉を使うことにした。つまり、予算がなくても、やることをやる。そのためには、やることの優先順位を決める。優先順位を決めるためには、今ある資源や環境をつぶさに観察・分析することが必要不可欠であり、目的達成のためにどのように活動を展開するかを考えることであった。

普及戦略の最初のステップは、推奨作物／適正技術のリストアップだった。ここでは、地元（郡）の特徴的な自然環境、篤農家の栽培作物、NGOや試験場の推奨作物、郡専門技術員の推奨作物、農家からよく聞かれる質問、という5つの観点から候補をあげ、それら候補を適正技術評価の4つの視点（新しさ、現場でできる、効果的、地域への広がりの可能性）から点数化する作業を行う。この段階ですでにそれぞれの経験と知識に基づいた主観的な考えが入るわけだが、これまでのように直感的に「それはいい！」という雰囲気と感情で決め

表7－4　郡上級農業官（SAO）研修

	州	郡数	実施日	協　賛
1	北　部	9	2013年11月11日～15日	－
2	ルアプラ	11	2014年2月3日～7日	S3P（IFAD）
3	ルサカ	8	2014年3月17日～21日	PEP（EU）
4	セントラル	11	2014年3月24日～28日	PEP（EU）
5	東　部	9	2014年4月7日～11日	PEP（EU）
6	南　部	13	2014年4月7日～11日	PEP（EU）
7	ムチンガ	7	2014年5月5日～9日	PEP（EU）
8	北西部	9	2014年5月5日～9日	PEP（EU）
9	コッパーベルト	10	2014年5月12日～16日	PEP（EU）
10	西部（第1グループ）	8	2014年5月12日～16日	PEP（EU）
11	西部（第2グループ）	8	2014年5月19日～23日	PEP（EU）

るのではなく、選定理由の言語化という作業プロセスを取り入れた。本来であれば、これに先立って国の普及計画と州の方針（優先課題・奨励作物等）があるべきだが、州としての普及方針が明確でない場合は、郡の状況をベースに普及戦略を作成していった。そして、リストアップされた候補技術／作物を点数化し、優先技術／作物等を年間計画に落とし込んでいく。この普及戦略は、州レベルで実施された郡の普及講師研修および現職普及員研修の内容にリンクするようにして、一連の活動計画・戦略が郡事務所の机上の空論ではなく、現場で実践されるようにしたのである。

成果指標達成度と成果品

２０１４年１―６月期の報告書の提出率は、プロジェクト対象州（郡）で当初の20％以下の状況から81・１％まで改善されたが、成果指標のターゲットであった90％には達しなかった。

報告書提出は公務員としての義務であり、公的機関の組織としてのパフォーマンスを簡易かつ明確に示す指標である。その意味では、プロジェクトを通じて、「20％以下のパフォーマンスを、80％程度に引き上げることができた」と考えることもできるが、本来、報告書の提出は当たり前のことである。しかし、これまで研修での指導、報告書形式の統一と簡略化、普及員手帳の配布（報告書様式と提出日情報を記載）、提出促進のためのツール（チェックリスト、定期会議）、といったシステムを導入してもまだ提出しない職員がおり、提出しない職員がいても何も対処しようとしない彼らの上司がいる。プロジェクト開始当初に普及サービスをとりまく現状の問題分析をした際に、報告書未提出の問題は、マネジメントやツールといった具体的な改善ができるものと、報告書を出しても出さなくても出世には影響しないといった組織文化・慣習が根強くあり、「改善」ではなく「改革」が必要な部分があるということが示されている。プロジェクトとしては、前者の「改善」の部分でできる

表7－5　成果4の主な成果品

成果品	概　要
普及員手帳（ADEOs：Agriculture Diary for Extension Officers）	普及員手帳。普及員の日々の活動記録に加えて技術情報を掲載。2012年より農業局の正式なツールに採用され全国に配布
普及マネジメントガイド（Extension Management Guide）	郡のマネジメントトレーニングの教科書（174頁）
参加型普及・孤立農村参加型開発マニュアル（PEA PaViDIA Manual）	PEAと統合したPaViDIAの実施マニュアル
Q-GISマニュアル	マネジメントツールの1つ。Q-GISを使ったキャンプの地図情報の作成マニュアル
レポートチェックリスト	普及員の報告書提出状況を一覧化するためのフォーマット

限りの助言と技術指導をこれまでやってきたが、後者の「改革」をどこまで実現できるかは難しい課題であった。はたして80％の状態で満足なのか、これが限界なのか、今後は組織文化・行動をなすザンビア人カウンターパートたちが考え、彼ら自身がひとりひとり、すべてのレベルで変わっていかなければならない根本的な課題と言えるかと思う。

フィードバックについては、関係者間でばらばらであったフィードバックの概念が統一され、それが報告書提出チェックリストの中に視覚化され、結果として78％の普及員が上司から定期的にフィードバックを受けるようになり、75％の普及員がフィードバックの改善を実感するようになったと言える。また「マイクロプロジェクトのモニタリングが郡のレポートに統合される」という指標については、すでにガイドラインの中では統合されており、マイクロプロジェクトの報告が普及員の報告書の中にあることは、プロジェクトによる郡へのモニタリング活動の中で確認されている。しかし、実質的にレポートに記載される、継続的に報告されるというレベルになるには、上記の指標の中にある「現場普及員の報告書の提出率」が上がることが必要不可欠であることは言うまでもない。

成果4のまとめ（インパクトと持続性）

成果4において重要な点は、「普及計画なしには普及活動のモニタリングはできない」という考えから、普及マネジメント全体の課題に向き合ったこと、そしてその考えを全国へ展開したことだと言える。全州全郡における郡普及戦略の策定や、マネジメントツールの導入は、モニタリングツールといった部分最適ではない、プロジェクトが目指す普及システム全体の改善に対して大きなインパクトだったと言える。多くのドナー支援のプロジェクトが直面する、プロジェクト活動の一地域から全国への拡充という課題を、「プロジェクト予算」だけでなく、他ドナーや農業畜産省の予算を動員し、「農業畜産省」の活動／制度構築として展開することにより、克服することができたと言える。また、持続性を高めるために、ロジスティクな支援（ガソリン代等）を行わずに、モニタリング能力の向上を目指してきた。それは「予算がないから活動できない」という異口同音の現場の業務への課題認識から、「ある予算で何が効率的にできるのか」という業務マネジメントの考え方への転換の試みであり、この意識変革ができたかどうかが今後の普及マネジメントの持続性のカギを握ると思われる。

第8章　農業局全体の組織強化（成果5）

農業局が抱えていた課題

農業畜産省農業局が抱えていた課題は、普及サービス戦略の欠如、本省関係部署間、州・郡事務所とのコミュニケーションの欠如、予算（リソース）の欠如に大別できる。

普及サービス戦略の欠如は、第3章で述べたように普及戦略文書の不在、何の作物をどこでどのように普及していくかという農業局としての方向性が存在していなかったことである。活動予算／プロジェクト予算がドナー依存度の高い状況で、活動もドナープロジェクトごとに担当スタッフが決められ、バラバラに業務が進められるか、わずかな予算がおりた時に一過性の活動やモニタリング出張に出かけたりするのが、本省スタッフの状況であった。

コミュニケーションの課題は、州から本省への報告書の提出率の低さだけでなく、農業局内での年次会合が開催されない、本省でも関係部署間の会合が開かれない、農業局内での定期ミーティングが開催されない、場合によっては上司（あるいは部下）がどこに行っているのかもわからない、といった深刻な状況であった。ただし、この問題は農業局だけでなく、農業畜産省内の他局でも同様にあり、農業畜産省全体の組織（官庁）としての問題でもあった。業務形態が個々人レベルでの活動になっており、「局」として協同で、同じ目標達成のために、それぞれが業務にあたるという考え方はほとんどない状況であった。

予算の欠如は、普及員から本省まで慢性的な人員不足であることに加え、活動予算が州や郡に計画どおり送金されないことなどがあげられる。これは、前述のとおり、農業セクターの予算の半分以上が補助金事業にまわされる現状、また補助金事業への政治的政策決定によるさらなる予算増の皺寄せが、財務省から農業省のその他の活動への実質的な予算配分・送金にも大きく影響していた。こうした状況が、州や郡、そして普及の現場で「予算がこない／少ないから活動ができない」という悲観的な考えを定着させていたと言っても過言ではない。

普及戦略の欠如に関しては、農業畜産省本省に次官名で国家普及戦略策定委員会を設置し、局を超えた普及戦略の策定を進めてきた。コミュニケーションの欠如に対しては、農業局年次会合開催の技術的・予算的支援や、州レベルの報告書提出率の向上、メーリングリストの

表8－1　成果5とPDM指標

成果5	農業畜産省の普及サービスマネジメントのキャパシティが改善される。
PDM指標	国家普及戦略が策定される。
	普及サービス関係のさまざまなステークホルダーの活動調和化のためのメカニズムが構築される。
	プロジェクト対象地域（州・郡）の普及関係スタッフおよび本省農業局関係スタッフの80％以上が，普及サービスマネジメント向上を実感する。

整備等を進めた。予算の欠如に対しては、州、郡、キャンプレベルの予算の棚卸や、NGOや民間企業との普及サービス調和委員会の開催等を進めた。さらに、官民やドナー支援のプロジェクトを問わず、普及サービス関係者一同が郡の普及戦略を共有し共同で実施していく考え方と体制の構築を進めてきた。また、本省農業局としては、補助金事業の小農農業投入物資支援プログラムにも活用されるための農民登録（Farmer Register）等、多岐にわたる業務全般を支援することで、農業局全体の組織力の底上げを図っていった。

国家普及戦略の策定

国家普及戦略策定の背景は、第3章で述べたとおり、農業政策から現場の計画をつなぐはずの戦略の不在から始まっている。第4章で述べた郡上級農業官研修において、郡レベルの普及戦略の策定を進めたが、本来は、政策レベルから現場レベルまで整合性のある戦略が必要であり、そのために本省レベルにおける国家普及戦略の策定を進めていった。

プロジェクトでは、これまで述べてきたとおり、普及サービスに関わる組織の強化と人材育成、マネジメントや研修システムの構築を図ってきたが、農業畜産省のサービスデリバリーメカニズムとして、人員の面でも最も大きな事業が普及といっても過言ではない。また、ザンビアの普及サービスの現場は、農業畜産省内の、農業、水産、畜産関連の普及員だけでなく、NGOや民間企業による普及サービス活動も活発である。行政の普及サービスとNGO／民間の普及サービスが、どのように協力・連携しながら効果的な普及サービスを農民に提供できるかが、大きな課題であった。

そこでプロジェクトでは、2011年3月に農業畜産省が開催した、さまざまな普及サービスステークホルダーが参集した普及調和化フォーラムの開催を支援した。この会議では、農業畜産省として普及サービス事業が各局で統合されていない点や、普及政策／戦略・計画が存在しない状況で、行政による普及サービスの調整がなされていない等の指摘があげられた。

そのため、プロジェクトとしては、農業分野の普及サービスの枠組みとしての普及戦略の策定支援を考えていたが、関係者との協議により、水産や畜産を含めた農業畜産省全体の普及を網羅した「国家農業普及戦略」の策定支援を行うことになった。これは当初、農業畜産省の水産部門と畜産部門が前政権下で別の省に分割されていたのが、再度統合され農業畜産省としての普及戦略の策定が妥当であるとの判断からである。また、農民やNGO、民間セクターから、農業、水産、畜産部局でバラバラに非効率に提供される公共普及サービスへの批判も少なくなく、状況を改善すべく包括的な普及サービス戦略と実施体制の構築を目指す必要が認識されたからである。

国家農業普及戦略は、農業畜産省次官の指示で各局局長が任命したシニアスタッフがメンバーで構成される策定委員会により、戦略文書が策定されることになった。委員会は、プロジェクト終了までに3回ほど開催され、国家普及戦略文書のゼロドラフト案を作成したが、プロジェクト終了時（2014年12月）までに、最終版を策定し採択されるまでには至らなかった。今後、民間会社、NGO等を招待した普及フォーラムで最終案の協議・意見交換を持ち、新しい普及戦略として採択される予定である。

国家農業普及戦略は、これまでの行政主導の普及サービスの背景と歴史を振り返り、普及サービスの現状を分析し（ＳＷＯＴ分析）、さまざまな普及サービス提供者と連携・協力しながら、多元的な普及実施体制を郡・州・本省レベルで効果的／戦略的に実施していくことをあげている。

また、第６次国家開発計画改定版、国家農業政策、国家農業投資計画等の農業関連政策文書にあげられた、普及の課題と方向性に対する具体的な普及サービス提供のメカニズムにおいて、前述の参加型普及手法を柱にした普及手法の主流化／統一化を図り、普及分野のさまざまなステークホルダー関係者との現場（郡／州）レベルでの共同計画・実施・モニタリング体制の強化を目指した。

そして普及戦略策定の一環として、参加型普及手法（ＰＥＡ）のマニュアル改定のためのレビュー会議開催も支援した。２００１年に世界銀行の支援により策定された同アプローチは、過去に第３版（２０１２年）まで改訂されているものの、印刷されたマニュアルが州、郡レベルにはほとんど配布されておらず、また内容的にも、実際の普及活動で実践的に使えるレベルではなかった。しかし、レビュー会議では関係者間でのＰＥＡのあり方に関する認識の一致が難しく、プロジェクト終了時（２０１４年12月時点）においても、第４版の改訂までには至らなかったのである。

参加型普及手法は、もともと孤立地域参加型村落開発手法（PaViDIA）同様に、農村開発における参加型アプローチのツールとして、村落／コミュニティレベルでの住民／農民の重要開発課題の抽出、地域資源活用による住民／農民社会の開発組織強化を通して、住民主導でさまざまなセクターの開発課題に多元的に取り組もうとするためのものであった。一方で、農業普及アプローチにおいては、ザンビアの場合、農民の農業生産活動の多くが、地域社会（農村社会）の協同活動ではなく個人的作業（農業）であったり、女性グループや村の地域社会を越えた生産者グループであったりするため、村人が全員参加しないアプローチも少なくないのが現状であり、必ずしも当初の「農村開発」における協同生産活動を想定した状況ではなかったのである。また、第3版の参加型普及手法マニュアルでは、普及員のファシリテーションによって農民が作成するコミュニティ・アクション計画（Community Action Plan/CAP）の実施が述べられているが、農業畜産省としてこの計画を実施できるような具体的な予算措置をとっているわけでもなかった。したがって、これをどのようにザンビアの「農業」の実情に合った形のマニュアルに改定し、普及員が現場で実践できるように簡素化していくかが課題となっている。加えて、従来の農業普及員だけを対象にしたものではなく、水産、畜産分野やNGOや民間の普及員も幅広く活用できるマニュアルとして改定することが望まれている。

農業局コミュニケーションの促進

プロジェクトの本省専門家の3名は、農業畜産省農業局内に配置されており、農業局は、普及全般を担当するアドバイザリーサービス課（Advisory Service Branch）、農地開発、灌漑、農業機械化等を担当するテクニカルサービス課（Technical Service Branch）、そして作物を担当する作物課（Crops Branch）の3つの部署から構成されている。

プロジェクト専門家は、特に普及サービス全般を担当するアドバイザリーサービス課のスタッフの一員として業務にあたったが、普及サービスマネジメントの改善は、この部署と農業局全体のマネジメント改善・強化が必須な状況であった。

しかし、前述のとおり、農業畜産省全般に言えることだが、「組織」としてのまとまり、スタッフ間のコミュニケーションは非常に限られており、共通の目標や目的に向かってそれぞれが活動しているという自意識や組織行動が薄く、個人主義的な業務体制が浸透していた。

また、ドナー支援の多くのプロジェクトは、本省職員の1人をフォーカルパーソン（プロジェクト担当スタッフ）に任命して活動することが多く、任命された職員は担当になったドナー支援案件のフォローや調整業務に追われ、職員間での情報共有が減り、同じ組織で共通の目的のために業務しているという意識が希薄となる。こうした現状を鑑みるに、いわゆる「プロジェクト」アプローチが農業畜産省の組織に弊害をもたらしているとも言える状況であった。この課題については、後の章で詳細に言及するが、コミュニケーション促進のための、以下の具体的な活動を行った。

(1) アドバイザリーサービス課の定期会議開催／農業局年次会合開催支援

同じ組織の一員として、協同で普及サービスを改善・強化する意識を醸成するため、アドバイザリーサービス課スタッフ定期会議の開催および農業局年次会合の開催を、前副局長（農業サービス担当）および前農業局長に提案した。農業局年次会合開催にあたっては、内容の助言および会議開催に関わる必要経費の一部を支援した。

農業局年次会合は、プロジェクト期間中、２０１１年度および２０１３年度の2回実施されたが、２０１2年度は、会合参加者への日当宿泊費レートの問題のため、開催できなかった。アドバイザリーサービス課の定期会議は、不定期ながら最低、月に1−2回は開催されるようになり、同課スタッフが活動内容を共有するようになった。この会議は当初、毎週1回の開催を目指したが、多くのスタッフが出張や会議で不在になることもあり、少なくとも隔週での開催を助言した。なかなか全員参加には至らないことが多かったが、会議ではこれまで個々人で対応していた業務の農民登録や、普及戦略等、アドバイザリーサービス課全体に関わる事項について意見交換が活発に持たれるようになり、協働で同課の業務課題に対処する考え方が少しずつ定着していった。

(2)　週間予定表の導入

また、プロジェクト活動の予定と進捗を定期的に農業畜産省関係者と共有すべく、専門家週次活動計画を毎週作成し、農業局のスタッフをはじめ、本省、州、郡の関係者、連携パートナー等に共有し、できるかぎりプロジェクトの活動を幅広く知ってもらうようにした。この週次活動計画は、できればアドバイザリーサービス課スタッフや農業局スタッフ全員の週間予定を含めた表にするよう何度も提案したが、実現に至らなかった。

(3) 州から本省への四半期、年次報告書の提出率の改善

成果4における普及員・郡からの月例／四半期報告書提出率の改善同様に、プロジェクトでは、本省の全国の普及サービスモニタリングの責任者である、モニタリング・評価主任（Principal Monitoring & Evaluation Officer）を中心に、州からの四半期・年央・年次報告書提出のモニタリングを支援した。提出された報告書を本省スタッフと共有するとともに、内容に関するコメントを州の農業主任官にフィードバックするようにした。また、農業局の年次会合等では、各州からの報告書提出状況だけでなく、記載内容の州ごとの比較を関係者と共有し、州定期報告書の提出率・タイミングおよび質の改善を奨励してきた。

(4) メーリングリスト作成支援

年次会合、郡上級農業官研修、マスタートレーナーたちによる教材開発の活動等を通じてEメールを使ったコミュニケーションのニーズが高まった。そこで、全郡・州・本省の農業局関係者間のコミュニケーション円滑化を目的に、〝アドバイザリーサービス〟のメーリングリストを作成した。こうした業務での全国の関係者とのメールでのネットワークの試みは初めてであったが、インターネットのアクセスが決してよくない遠隔地の郡の職員でもイン

ターネットを利用しており、彼らにとっても他地域の普及サービス関係者とコミュニケーションをとれるようになったのは、非常に有意義なことであったと言える。

(5) ファイル共有システムの活用

また、マスタートレーナーたちによる教材作成作業では、ウェブ上のファイル共有システム（Google Drive）を利用し、お互いに離れた地域にいても遠隔地での共同作業を可能にした。常にウェブ上に最新の研修教材などがあるため、マスタートレーナーがそれぞれ必要に応じてその資料を共有、活用できる仕組みとした。

(6) プロジェクトおよび農業畜産省ウェブサイトの活用

プロジェクト活動を通して作成されたマニュアル、報告様式、ガイドライン、報告書等は、プロジェクト開始当初からプロジェクトウェブサイトで公開し、幅広く農業畜産省関係者および一般の人々にもアクセスできるようにした。

また、欧州共同体支援の「業務成果強化プログラム（Performance Enhancement Programme/PEP）」の支援でリニューアルされた農業畜産省のウェブサイトでも、これら研修教材、普及サービス参考資料を公開し、幅広く一般の人にもアクセスできるようにした。インターネットは広く普及しており、郡レベルでもほとんどの職員が自分のPCを持っており、インターネットにアクセスしている。農業畜産省のウェブサイトで公開した「普及員の役割」の小冊子は、7、000以上のアクセスがあり、農業畜産省で公開されている資料の中で群を抜いていたが、現場の関係者が、これまでどれだけ情報不足でいたかを示唆している。

官民連携およびNGO連携の推進

農業畜産省農業局は、全国の普及サービスを管轄する部署である。全国に約2、000名の普及員が配置されているが、彼らの活動予算・環境は必ずしも効果的なサービスを提供できるほど十分なものではない。一方で、ザンビアの農業普及の現場には、NGOや自社の種子・農薬・農機等を販売しながら小農民の生産・生産性向上を支援する民間企業も少なくない。こうしたさまざまな普及サービス提供者が存在する現場では、必ずしもこれらのステークホルダーが連携しているわけではなく、逆に農民に混乱をもたらすような異なるメッセージや農法を伝えている場合も少なくないことが時々報告されていた。

このような現場の状況を改善するために、プロジェクトで普及サービスの調和化を目指したフォーラム開催を支援したのは前述のとおりである。このフォーラム開催後、主に次のような活動を支援して、具体的な普及サービスの調和化・サービス提供者の連携を農業局が支援・調整する役割を強化する体制が、本省、州、郡のそれぞれのレベルで整えられていった。

(1) 普及サービス調和委員会の開催支援

2011年の国家レベルでの普及サービスステークホルダーフォーラムの後、民間、NGO、政府機関の代表者からなる普及サービス調和委員会が発足した。この委員会の役割は、フォーラムで課題として挙げられたさまざまな普及サービスの調和化を具体的にどのようなメカニズムで実施していくか協議することとし、プロジェクトはこの委員会の事務局を務める農業局スタッフの会議準備支援、議事内容助言等を通して、この委員会を技術的に支援してきた。

(2) 普及サービス調和ガイドラインの作成とガイドラインのパイロット実施支援

上述の委員会の議論を通して、郡・州レベルでさまざまなサービスプロバイダーの普及サービスを調整するガイドラインが作成された。ガイドラインでは、郡・州レベルでのＮＧＯや民間セクターなど普及サービス提供者のリストフォーマット作成、定期会合の開催によるそれぞれの活動情報共有、農業畜産省の普及手法や人員体制、年間活動・重点課題情報の共有を通して、相互の連携・協力体制を強化し、共通の普及サービス向上目的に向かって調和化された普及手法を通して、協働で普及活動にあたることが奨励された。委員会と農業局では、上記ガイドライン案の実用性を確認するため、プロジェクトの支援によりセントラル州のムンバワ（Mumbawa）郡とチボンボ（Chibombo）郡で試験導入し、ガイドラインの最終版を作成していった。

(3) 普及サービス調和フォーラムの開催支援

前述の試験導入を経て最終化された普及サービス調和化ガイドラインは、２０１３年３月に欧州連合（ＥＵ）支援プロジェクト（ＰＥＰ）との協調支援で開催した、第2回国家普及サービス調和化フォーラムで、民間、ＮＧＯ等のさまざまな関係者と共有した。そして農業畜産省の正式な普及サービスガイドラインとして、プロジェクトの支援で全州・全郡の農業事務所、大手ＮＧＯ、民間農業会社・生産者協会等に配布された。ガイドラインの実践的な活用は、州や郡のリーダーシップにも左右されるが、このガイドラインの活用を通して、北西部州やルサカ州、郡レベルで、官民連携強化の事例報告があった。また、同ガイドラインは、州・郡の農業主任・上級農業官の研修でも紹介され、全国の現場で普及サービスの調和化が実践的に奨励されるようになった。

(4) 農業普及員手帳印刷のための民間企業協賛の取り付け

モニタリング・計画ツールとして全国的に導入された農業普及員手帳（Agriculture Diaries for Extension Officers/ADEOs）は、プロジェクト（農業局アドバイザリーサービス課 /Advisory Service Branch）の試行的導入の段階では、事務所の複写機で印刷してプロジェクト対象地域の普及員と郡・州の普及関係者に配布していた。その後、全国の普及員への配布が正式に農業局で決定され、1、500部以上の印刷予算の確保が必要となった。

2011年下半期から、上記の普及サービス調和化委員会を通した民間企業との連携が現実化してきた。その中で、当時のアドバイザリーサービス課副局長が大手種子会社の管理職と旧友で、普及員手帳の印刷経費支援を求めたところ、同社の広告を掲載する条件で快諾された。そして農業局から、種子会社、小農向けの農機を販売する複数の会社にも打診したと

写真8－1　普及員手帳（ADEOs）

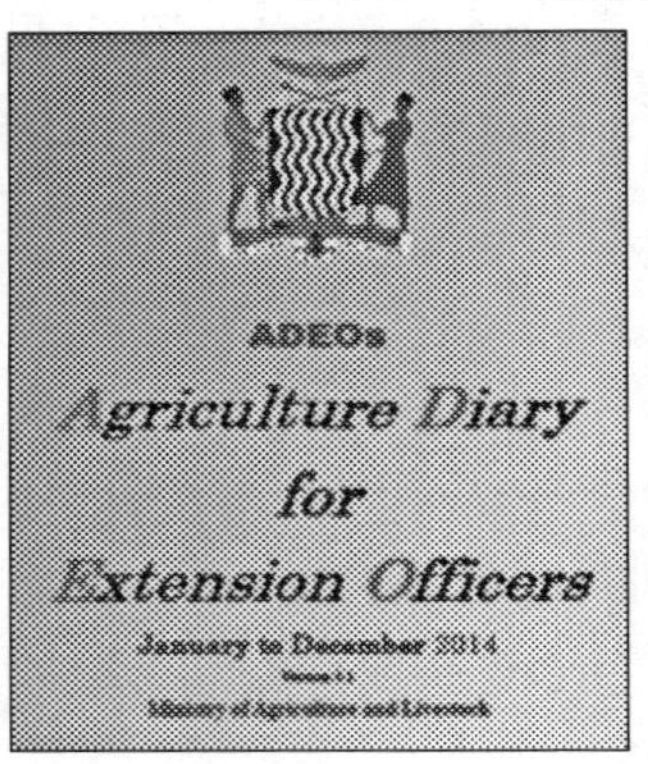

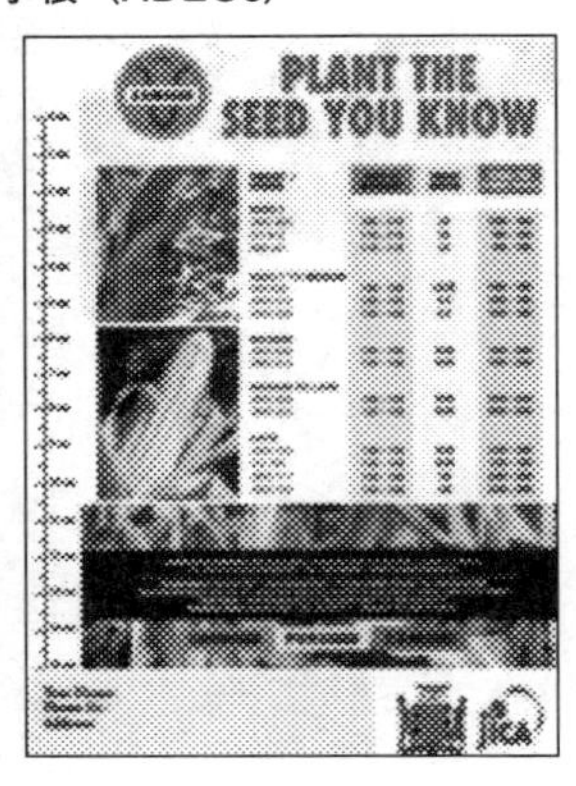

出所：農業畜産省。

ころ、多くの会社から資金協力と広告掲載のオファーがあり、印刷経費捻出の危惧は解消されたのである。

既存資源／資産の棚卸と活用

　農業局の普及サービスマネジメント向上には、技術的なマネジメントの他にも、農業畜産省が雇用している普及サービス関連人員や同省が所有している施設・機材のマネジメントも重要であった。これまで、これら人員、施設・機材等を管理する統一した記録様式が組織として正式になかったため、プロジェクトが協力して下記の施設・機材の記録様式を作成支援し、全国の州・郡レベルの州農業主管、郡上級農業官を中心に活用を奨励した。

(1)　キャンプハウス、モーターバイク等の記録管理

普及員の住居兼オフィスであるキャンプハウスの新規建設および修繕の予算は毎年あるものの、その執行状況は芳しくなく、２０１３年の新人普及員の大量採用等により、キャンプハウスの慢性的な不足が続いていた。そのような状況にもかかわらず、本省としてキャンプ数、配置されている普及員数、キャンプハウスの状態の網羅的な情報が存在していなかった。普及員の活動に欠かすことができないバイクについても同様であった。そのため、農業局として情報収集のための在庫状況記録様式を作成し、全州全郡に対して情報収集を進めた。しかし、副局長からの指示にもかかわらず、すべての州から情報を集めることはできなかった。これは、こうした情報の定期的なアップデイトと確認の重要性を、郡農業事務所のスタッフが十分に認識できるところまでプロジェクト終了までに定着させられなかったことが大きい。

(2)　農業研修所と農民研修センター状況報告様式の作成とマネジメント研修

ザンビアでは、独立直後から全州および農業重点地域に建設された農業研修所（Farm Institute/FI：全国に9研修所）、農民研修センター（Farmer Training Centre/FTC：全国

に46センター）が存在していたが、これらセンターの職員や施設機材、活動状況の調査を行ったところ、本来の目的である普及員・スタッフ／農民の研修にもほとんど活用されていない施設が多いことが明らかになった。多くの研修所は研修予算がないことを理由に、他省庁職員やＮＧＯ研修に活用されることが不定期にあったり、施設の老朽化から適切な研修を開催できずに利用者もほとんどなく、スタッフもほとんど業務がないまま給与をもらっているだけの研修所も少なくない状況であった。

そこでプロジェクトでは、郡の普及サービス責任者である上級農業官研修と同様に、農業研修所（ＦＩ）のマネージャーに対して、研修所マネジメント研修を２０１３年12月に実施した。また、農民研修センター（ＦＴＣ）マネージャーの研修は、全国46センターのマネージャーを対象に、２０１４年9月から前述の欧州連合（ＥＵ）支援のプロジェクトと連携して実施した。

農業畜産省は近年、研修センターの施設・機材の改修の予算配分を増加しているものの、これらの研修所の資産が有効に活用されるには、研修所マネージャーの管理能力向上が不可欠であった。特に研修所が実践的な農業研修を提供できる環境にするためには、当該地域で奨励する作物等のデモを整備することが重要であり、研修所のマネージャーとスタッフも自分たちの州・郡でどのような農業／農村開発が計画され実施されているのかを理解し、そのための人材育成の研修機関という認識で、郡・州事務所スタッフとともに研修計画を考え、策定することを奨励した。

パートナー連携

プロジェクトでは、前述のとおり、研修や会議等を欧州連合や国際農業開発基金といった他開発パートナー機関と共同開催で行うことにも力を入れた。また、北部州・ムチンガ州での適正技術の特定／普及の活動では、ＮＧＯ等との連携を、北部・ムチンガ州農業事務所の活動の一環で進めていった。これは、ＪＩＣＡ支援のプロジェクトが農業畜産省（農業局）の普及サービス向上活動の一部として実施されているように、他ドナーの普及分野のプロジェクトも同様に、農業畜産省の普及活動の枠組みの中で実施するという理解を関係者間で深め、それぞれのプロジェクトマネージャーとカウンターパートと協議しながら資金的・技術的連携を図っていくことを目指したのである。

他のドナープロジェクトは、私たちのプロジェクト同様に、一部の州・郡を対象に地域限定的に活動を実施している場合がほとんどである。他ドナーが対象とする郡・州の普及に関わる研修やワークショップでは、他ドナーの資金によりプロジェクトの支援で作成された研修プログラムを実施することで、プロジェクトの成果（農業畜産省の研修制度）を全国的に展開することが可能になった。

もちろん、プロジェクト終了後の農業畜産省による活動継続を、これら他ドナープロジェクト予算だけに依存することは決して好ましくなく、ザンビア政府農業畜産省自身の予算で、プロジェクトの支援で構築してきたさまざまな制度・システム、研修等を継続するのが一番望ましい。しかし、前述のとおり、農業セクター予算の6割以上が補助金事業に割り当てられてしまう状況では、残った予算はほとんど人件費や通常の経常経費にも十分当てられないのが現状で、ザンビア政府からのさらなる独自予算確保は厳しい面があるのも事実であった。

表8－2　パートナー機関協賛活動一覧

No	年月日	活　　動	パートナー	金　額
1	2013年3月21日	普及サービス調和化フォーラム	欧州連合プロジェクト	34,350
2	2013年9月24日	ザンビア種子会社協会との会議	欧州連合プロジェクト	5,496
3	2013年11月26－27日	農業局年次レビュー・計画会議	欧州連合プロジェクト	100,000
4	2013年12月12日	ザンビア綿生産者協会との会議	欧州連合プロジェクト	5,263
5	2013年12月17－18日	農業研修センター所長マネジメント研修	欧州連合プロジェクト	49,942
6	2014年2月3－7日	郡上級農業官マネジメント研修（北部地域郡対象）	国際農業開発基金	110,000
7	2014年3月17－21日	郡上級農業官マネジメント研修（南部地域郡対象）	欧州連合プロジェクト	92,456
8	2014年3月24－28日	郡上級農業官マネジメント研修（中央部地域郡対象）	欧州連合プロジェクト	105,028
9	2014年4月7－11日	郡上級農業官マネジメント研修（東部地域郡対象）	欧州連合プロジェクト	92,337
10	2014年4月7－11日	郡上級農業官マネジメント研修（南部州郡対象）	欧州連合プロジェクト	109,560
11	2014年5月5－9日	郡上級農業官マネジメント研修（ムチンガ州郡対象）	欧州連合プロジェクト	75,756
12	2014年5月5－9日	郡上級農業官マネジメント研修（北西部州郡対象）	欧州連合プロジェクト	77,982
13	2014年5月12－16日	郡上級農業官マネジメント研修（コッパーベルト州郡対象）	欧州連合プロジェクト	107,986
14	2014年5月12－16日	郡上級農業官マネジメント研修（西部州郡対象第1グループ）	欧州連合プロジェクト	85,828
15	2014年5月19－23日	郡上級農業官マネジメント研修（西部州郡対象第2グループ）	欧州連合プロジェクト	89,356
			合計（ZMW ザンビアクワチャ）	1,141,340

農民登録（台帳）支援

(1) 農民台帳の問題とその背景

前述のとおり、農業セクターの予算の60％以上は政府の農業補助金事業に当てられており、小農農業支援のための肥料・種子支給プログラムと小農からのメイズ買付け事業が２大補助金事業である。このうち、肥料や種子の支給は、農業畜産省内の他の部署である農業ビジネス・マーケット局（Agri-Business & Marketing Department）が担当しているが、これら肥料や種子を受領できる対象小農農家を特定する小農情報（Farmer Register/ 農民登録）は、農業局のアドバイザリーサービス課（Advisory Service Branch）の所掌事業となっていた。この農民登録のデータは、以前からその信憑性に問題があり、データの収集方法、集計方法の改善が農業局にとって緊喫の課題であり、補助事業に限らず普及サービスの向上にとって、小農の現状を把握する農民登録は重要な課題であった。

(2) 農民台帳の会合開催支援、助言

そこで、アドバイザリーサービス課で普及の改善に協力しているプロジェクトとしては、本来のプロジェクト活動に支障のない範囲で、農民登録システム改善の会合への参加と技術

的助言をできる範囲で行った。普及サービス改善を目指す農業局にとって、農民登録業務の改善が最重要課題の1つである中で、その農業局本省にオフィスを構えて普及サービス向上を目指すプロジェクトの専門家がまったく協力しないことは難しく、また、カウンターパートが農民登録の改善業務に時間をとられて包括的な普及サービスの向上にも支障をきたす（つまりプロジェクト活動にも支障をきたす）と判断したからである。PDM的には「プロジェクト」のマネジメントのあり方としては、このような活動／関与の拡大は、本来であれば避けるところである。しかし、「組織／マネジメント強化」、人材育成を目指すプロジェクトとしては、本来の活動に支障のない範囲で関与するのが妥当と考えたわけである。

(3)　農民登録フォーマットの提案

農業局では、農民登録のための普及員による小農インタビューを通じたデータ収集に関し、その登録フォーマットを改定することを決定した。これは、これまで農民登録を全国で実施しながらも統一したフォーマットがなく、各州・郡でばらばらな状態であったからである。2011年に国連農業食糧機関（FAO）の支援で、フォーマットの一部改定とデータ収集・分析のコンピュータ化が一部の州と郡で試みられたが、失敗に終わっていた。

この農民登録様式の改訂は、欧州連合（EU）支援のプロジェクトによる支援が決まっていたが、予算は確保されているものの技術的な助言ができる体制ではなかったので、フォーマット作成作業提言のため、本省のプロジェクト専門家が参画した。

また、補助事業による小農への支給物資が近い将来、肥料と種子だけでなく、小農畜産振興、水産（養殖）支援にも拡充すること、同様に農民登録という名の下に、畜産局や獣医局も、畜産や養殖池を保有する農家のデータ収集を始めていたことから、農業、畜産、水産局等がばらばらに農民登録を行うのではなく、「農業畜産省」として「農民」の登録を行うことになり、それらを考慮した新しい様式が必要になっていた。

(4) 農民定義の問題

一方で、この農民登録を実施するにあたって、いったい誰を「農民」と定義するのかが新たな課題となっていた。これまでは作物栽培農家の農地サイズ等による自給農家、小農農家、（新規商業農家）、中規模農家、大規模農家等の分類のみであったが、畜産や水産（養殖業）も含まれることになったため、その定義が必要になり、何度か関係部局の代表が参集して議論が持たれ、新しい農民の定義、登録様式が作成・採択された。

農業普及員担当キャンプ領域の改編

前述のとおり、ザンビア政府（農業畜産省）は、普及サービス改善のための、新人普及員の雇用により、普及員数は2、000名以上になっていた。ザンビア政府は今後も普及員の数を増やす政策方針で、1人の普及員が担当する農民の平均数は800名から1、000名と言われていたが、これを400名程度まで改善したい方針を持っていた。そして、普及員の増員により、現在の普及員の担当地域・エリアの改編が必要となり、適切な担当エリアの改編のためには、各州・郡の普及員数、農民数をしっかりと把握し、どの州のどの郡に何名程度の普及員を増員するかを検討する必要があった。

したがって、プロジェクトでは全国の普及員数、農民数（小農、中規模農民、大規模農民に分類）等の数値を各郡・州ごとに集計し、1人の普及員が担当する農民数（特に小農）の数を比較できるデータ作成を支援し、優先的にどの州・郡で普及員の増員が必要かを検討する作業を支援した。しかしながら、普及サービスは、前述したとおり農業普及だけでなく、水産・畜産・疫病サービス等も含むものである。従来までの農業だけの普及員担当領域の編成ではなく、畜産普及員、水産普及員担当地域も含めた包括的な担当領域の再編成が望まれており、農業局と他局との調整が進められた。しかし、再編成のための基準の策定に関し、関係部署の意見が明確に統一されないまま議論が継続している間に、残念ながらプロジェクト終了の時期を迎えた。

今後の課題

普及サービス全体の改善の課題は、プロジェクト開始当初の、農業局アドバイザリーサービス課のみの農業普及員を対象にした改善から、畜産局、水産局等も含めた省全体の包括的な普及サービスの改善、そして民間セクター、NGOを含めた複合的な普及サービスの改善へと、方向性と内容が拡充していった。今後、プロジェクトが支援してきた農業局アドバイザリーサービス課のスタッフが、どこまでこの作業を継続できるか人員的に課題もあるが、プロジェクトで日本に送り出した普及手法主任官（Principal Extension Methodologist）が長期留学から戻り、彼を中心に活動が継続されることが期待される。

第9章　マイクロプロジェクト

マイクロプロジェクトの位置づけ

プロジェクトにおけるマイクロプロジェクトとは、普及活動の1つであり、普及員がデモや農民への技術指導を行う実践の場として位置づけられた。

普及における問題の1つはその予算の少なさであり、農業畜産省として予算が確保されているマイクロプロジェクトは、PEA-PaViDIAアプローチの1つとして、適正技術のデモなどに活用することが推奨された。

マイクロプロジェクトの実施数

プロジェクト目標の350村に対し、マイクロプロジェクトは5州14郡の354村で実施され（表9—1）、前身プロジェクトの時代から累計すると526村で実施された。

表９−１　マイクロプロジェクトの実施数

州	郡／予算年	2010	2011	2012	2013	合計
ルサカ	カフエ／チランガ	12				15
ムチンガ	チンサリ		10	20	24	57
	シワガンドゥ				26	26
北部	カプタ		6	14	10	30
	ンサマ				10	10
	カサマ				3	3
	ルウィング				22	22
	ンポロコソ				30	30
北西部	カセンパ		21	22	20	63
	ソルウエジ				60	60
西部	ルクル	16				16
	カオマ	13				13
	セナンガ	15				15
合計		55	37	56	205	354

マイクロプロジェクトの変遷

前身プロジェクトでは、橋や道路といったインフラ整備や、診療所や学校といったコミュニティ開発の色調が強いものも含まれていたが、これは「農村開発」という1つのセクターにとらわれない地域農村社会の住民の開発ニーズを重視しての開発プロセスだったからである。一方で、農業畜産省は「農業」に関連する行政サービスを提供するセクター官庁であり、この官庁の下で他セクターの事業を

写真９－１　マイクロプロジェクトで収獲された豆に喜ぶ農民たち

出所：プロジェクト撮影。

実施することには限界があった。その後、農業畜産省の管轄を越えてしまうマイクロプロジェクトのいくつかのサブプロジェクトは、普及員によるファシリテーションが困難ということで、農業関連サブプロジェクトへ限定されるようになった。これにより、マイクロプロジェクトは普及のための活動としての位置づけがより明確になり、具体的にはサブプロジェクトをデモや新しい品種や農法を紹介する農民視察・勉強会／農民学校の一形態として推奨されるようになった。

マイクロプロジェクト実施のために供与される最初の資金（シードマネー）に関しては、当初は、１世帯１００米ドルという目安で、一村あたり80～１００世帯とすると、８、０００～

10、000米ドル相当の資金が投入されていた。しかし、一村あたりで同時に4~5つのサブプロジェクトを実施すると、運営する村の委員会や活動をフォローする普及員のキャパシティを超えてしまい、活動が思うように成果をあげないケースが散見された。そのため、2009年頃からは村（コミュニティ）の事業実施運営能力を超えないように、1つのサブプロジェクトあたり300~500ドル程度とした。

マイクロプロジェクトの課題

マイクロプロジェクトの実施は、農業畜産省が主体となり、日本人専門家からは助言などの側面支援のみであったが、期間中のマイクロプロジェクトの実施を通じて、いくつもの新たな課題が明らかになった。

まず本省としては、経理担当が送金先の口座番号を間違えるなど人為的なミスによって送金が遅れることが何度もあり、農期に間に合わないと現場から不満の声が上がった。そこで、本省の事務作業を極力減らすため、州に一括で送金する方法へと切り替えることになった。

また、州と郡におけるマイクロプロジェクトの運営では、実施村の選定から資金の提供までのプロセスの進行速度に大きな隔たりが見られた。特に北西部州の実施件数が増加しているのは、州、郡の職員がマイクロプロジェクトの趣旨をよく理解し、迅速に実施を進めたことが大きかった。一方、ムチンガ州では、州や郡の職員の交代による遅延が見られた。農業畜産省が主体となって生じた課題は、まさに前身プロジェクトの時から指摘されていた組織の問題であったわけである。

また、当初からマイクロプロジェクトは、農村民を組織化することで村の共通開発目標を目指した協働開発行為による貧困削減のための開発行動であった。前身プロジェクトの時代には、地元の資源の有効活用と、村の開発組織の強化と共同開発行動の継続を、普及員による支援継続（普及活動）とモニタリングの強化を通して行えるようにし、村人たちの貧困削減を目指していった。この「農民の組織化」は、単なる外からの資源の供与（たとえば肥料）の受け皿のための組織ではない。村人／農民たちが、農村／地域社会を協同で良くしていこうという自主的な目的で、経済活動（農業／コミュニティープロジェクト）に皆で一緒に従事し、そこで得られた「富」を共有・管理していこうというものであった。

ザンビアの農村社会では、一般的に社会慣習に基づいた共同行動（例：冠婚葬祭行事）における「社会組織」は、伝統的に「村長」のもと「村」として存在するが、「経済活動（農業)」における「開発組織経験」がない農村社会も少なくない。したがって、マイクロプロジェクトが初めてそのような経験の場を提供する村では、当初はうまくいっても、途中で村長やプロジェクト委員会のリーダーや委員会との間で対立が起きたり、メンバー間での摩擦が起きて、マイクロプロジェクトが停滞したり失敗したりしたケースもあった。しかし、こうした組織経験が「農村社会」の自己組織形成の機会となり、その後の地域の共通開発ニーズ(例：村落給水管理)の実現に有効に役立ったという事例もある。こうした、村／地域社会の開発組織形成の一助というマイクロプロジェクトの役割も農村開発では重要と思料するが、「プロジェクト」として、限られた時間でのマイクロプロジェクトの直接の成果だけ(特に農業に関する成果)を短期的に評価対象にした場合、その評価が難しい場合もある。これは、普及サービスの短期的な成果・インパクトに共通して言える点でもある。

第10章　本邦研修と地域活性化

プロジェクトの本邦研修の特徴

プロジェクトでは、カウンターパート本邦（日本での）研修を4回実施している。カウンターパート研修とは、プロジェクトを実施する先方政府機関のスタッフで、日本人専門家と業務を共にしている主要スタッフで、本邦で新しい技術や知識を習得するために実施するＪＩＣＡの研修スキームである。本邦研修には、ＪＩＣＡ国内事業部が全国のさまざまな機関と連携して毎年実施する課題別研修や国別研修等があるが、プロジェクトで実施したカウンターパート研修はすべてオーダーメイドの研修で、かつ全研修全行程を毎年必ず1人の専門家が同行して行った。また、ザンビア人カウンターパートへの研修だけでなく、同時に研修受入先にもなっていただいた宮城県丸森町の地域活性化にも貢献することを狙いとして実施した。２０１１年の第2回目の研修は、東日本大震災の影響で実施できず研修先を群馬県

表 10－1　本邦研修

回	実施時期	主な参加者	狙　い	受入先
第 1 回	2011 年 2 月	本省, 州管理職 (5 名)	管理職向けの，今後のプロジェクト活動及び本邦研修実施に向けた日本の技術協力の理解の促進。	丸森町
第 2 回	2011 年 10 月	郡職員, 普及員 (8 名)	実務者（郡職員及び普及員）向けの，日本の農業普及の現場からの学び。	群馬県
第 3 回	2012 年 8 月	郡職員, 普及員 (8 名)	実務者（郡職員及び普及員）向けの，日本の農業普及の現場からの学び。	群馬県／丸森町
第 4 回	2013 年 10 月	州, 郡管理職 (8 名)	郡管理職向けの，戦略的な普及サービスの考え方の習得。	群馬県／丸森町

に変更したが、第3回からは再び丸森町での研修を部分的に受け入れてもらう形で再開した。プロジェクト期間中、あわせて4回の本邦カウンターパート研修を実施、総勢29名の農業局スタッフが参加した（表10－1）。

第1回目研修では、プロジェクト対象の本省および北部州・西部州の中心的なカウンターパート5名が、丸森町で2週間の研修に参加し、中山間地域における地元資源の活用、普及行政の仕組み、農民（グループ／団体）、農業試験場、農協等さまざまなステークホルダーの連携、農業・地域社会の活性化に取り組む事例を視察した。研修後、北部州および西部州における地元特産品生産振興や直売店に関するアクションプランが作成された。特に北部州では、研修参加者2名のカウンターパートが中心となり、成果1の適正技術として同町で生産の盛んな養蜂やキノコ栽培を北部州に紹介し、生産技術の確立に寄与した。

第2回研修では、北部州および西部州の郡農業普及責任者である上級農業官と、その部下にあたる普及員からなる郡のチームを主たる参加者とした。研修終了時に作成したアクションプランでは、各郡での地元資源を活用した適正技術の振興、営農改善指導、定例会議の推進等がデザインされ、第1回研修に参加した州レベルの農業普及スタッフの支援を受けながら、普及員研修の場で活用された。先に述べたJICAの通常の課題別研修等では、1つの国から1名が参加することが多く、この場合、1人の参加者の知識や経験としてのみ裨益があり、研修員が所属する部署・組織が、研修を受講した職員の職場に変化/インパクトをもたらすのは難しい。したがって、プロジェクトのカウンターパート研修では、郡の上司または郡スタッフと普及員をペア/チームで参加させ、少なくとも同じ職場/郡の複数のスタッフが、研修の成果を他スタッフ・上司と共有し、組織活動の改善にあたれるようにした。

第3回研修では、地元資源の活用等を中心にした丸森町での研修が一部再開された。第2回研修同様に、郡職員および普及員が主たる参加者となった。また、プロジェクト運営指導でザンビアに短期指導に来ていただいた同町のキノコ栽培農家の方から、キノコ菌床栽培の指導を受けた北部州農業研修所職員を含む2名の研修員が、同キノコ農家に1週間滞在して実技指導を受けた。他の研修員は、各郡での適正技術普及と普及マネジメント改善のためのアクションプランを作成し、限られた郡予算の中ではあるが、各郡に戻ってから日本で作成したアクションプランを実施した。

最後になった第4回研修は、州および郡レベルの管理職を中心に、日本の普及マネジメントのあり方、計画策定、目標指向の事業実施体制を幅広く学ぶことを目的として、群馬県農政局と地元の農家、そして宮城県丸森町の農家の方々のご協力のもと実施された。第3章で述べたように、この時期からザンビアでの農業普及事業実施に際し、計画不在の問題が顕在化してきたため、本邦研修もそれを受けて、普及員を中心にした現場寄りの作物栽培技術の内容から、管理職を中心にしたマネジメントの内容に移行した。第4回研修実施後に、ルサカ州ではフォローアップワークショップを開催し、研修の成果である州の年間活動計画を州内の全郡の上級農業官に周知して、研修の成果がそのまま農業局の活動となることを目指した。

継続的な相互交流

この本邦研修では、研修受入先の群馬県農政局および宮城県丸森町耕野地区の関係者を、短期専門家および運営指導団員としてザンビアに招聘し、ザンビアの農業事情を視察し理解を深めていただきながら、よりザンビアの状況に適合した研修を本邦で実施していただくとともに、プロジェクト活動を通じた継続的な成果の発現を狙った。たとえば、2012年の運営指導でキノコ菌床栽培研修を北部州で受講した農業局職員が、第3回の本邦研修に参加、運営指導に来ていただいたキノコ栽培農家に1週間滞在して、本邦でも実技研修を受けるようにした。同研修員はザンビアに帰国後、北部州の職場である農業研修所で農家へのキノコ栽培研修を毎週実施するなど、実践的な成果を生み出した。また、宮城県丸森町の耕野地区は、2011年の東日本大震災の影響で農作物の出荷停止や住民の転居等の問題に直面していたが、ザンビアとの交流が地域活性化の一助となっているとの意見が同地区の方から寄せられるようになった。また、この研修がきっかけとなり、同地区における国際協力のためのNPOの立ち上げも検討され、2014年2月には、同地区の方々5名が私費でザンビア視察に訪れた。プロジェクト終了後は、JICAの草の根技術協力事業に応募・採択され、さらにザンビアとの技術交流を深めている。

本邦研修の教訓と課題

本邦研修、特にアフリカ諸国の研修員を対象にした本邦研修の場合、1人当たりの研修コストは、その往復の航空運賃だけでも東南アジア諸国からの研修員受入れ以上にコスト高になることは否めない。農業機械オペレーション等の技術研修であれば、日本であれ第3国での研修であれ、研修員の国の技術レベルに導入可能なものであれば、ある程度の技術の応用がすぐに期待できる。一方で農業普及アプローチのような技術移転は、日本固有の経験から蓄積されたノウハウであるため、研修員の国の制度、歴史、自然条件、農村社会の状況などを考慮しながら、研修員が試行錯誤するプロセスが必要になる。そのため、プロジェクトとしてザンビア帰国後のフォローアップが欠かせないと考えた。

また、研修内容をできる限り、研修員の事情に合わせて充実させるプロセスが、重要である。そのためには、研修内容の策定に携わる本邦関係者ができる限り現地の事情を理解していることが望ましく、プロジェクトの本邦研修では、「百聞は一見に如かず」を理由に、研修受入先の講師の方々を短期専門家や運営指導調査団員としてザンビアに招聘した。

また、4回すべての研修で、専門家が1名研修員に同行した。当初は、JICA技術研修の受託先として経験がほとんどなかった本邦の地域社会（農村社会）が、より円滑かつ質の高い本邦研修を実施するための側面支援を目的としていた。しかし、実際に同行すると、本邦研修中に研修員が学ぶ内容をザンビアではどのように応用できるのかを随時、本邦とザンビアの事情に精通している専門家がファシリテートしながら研修員間で協議できたことの意義の方が大きかった。そのため、研修後のフォローにおいても、専門家が研修員（カウンターパート）の学んだことを熟知していることにより、研修内容に当てはめながら適切に助言できたため、帰国後の成果発現の点で有用であることが判明した。

第11章　普及の現状とニーズ調査

調査手法と狙い

普及の現状とニーズ調査は、プロジェクト期間中、プロジェクト開始時（２０１０年）、中間評価時（２０１２年）、そして、終了時評価前のプロジェクト活動のインパクト調査（２０１４年）として3回実施された。この調査は、農民１，０００名、普及員１００名および郡職員を対象としたアンケート調査であった。プロジェクトでは、この調査をプロジェクトの計画および評価のためのデータ収集だけでなく、普及や郡・州職員の能力強化の活動の1つとして、普及員および州、郡の職員が実施主体となることによる農民理解の機会の提供の場として位置づけた。

まず調査計画の立案に際して、本省職員を中心に実施チームと全体的な判断を行う委員会が結成され、調査のデザインから実施マネジメント、分析や報告書の執筆まですべてのプロセスをメンバー職員が行った。質問票の配布および回収、データの入力は、州および郡職員が実施し、質問票への農民の記入指導は普及員が実施した。各郡から5名ずつの普及員が選抜され、彼らが調査員となって、自分の任地以外のキャンプで調査を実施する体制とした。対象農民については、各村の村民リストから無作為に抽出したが、農民の中には書くことに慣れていない人もいるため、普及員が農民にインタビューする形式で普及員がアンケートシートに記入していく作業にした。

調査に際しては、一連のプロセスを農業省の職員が中心となり実施するようにし、日本人専門家はできる限り黒子に徹し、彼らの調査実施能力・体制の強化を目指した。もちろん、包括的な調査を提案したのは専門家であり、また調査の骨子などを最初に提案したのも専門家である。また、ワードやエクセルなどの機能を十分に使えないカウンターパートについては技術的な支援が不可欠で、モニタリング専門家を中心に彼らへの技術指導にあたった。ただし、調査実施委員会での発表や議論を通じて調査の基本方針を決めるのはカウンターパートであった。調査の分析結果も、最終的にはカウンターパートが結論としてまとめた。調査のプロセスを、調査の対象である農業畜産省が行うという「参加型」のアプローチは、本プロジェクトが内部的な改善を重視するということから、必要不可欠であると考えた。参加型

表11－1　質問票の対象と質問内容

対象（サンプル数）	主な調査内容
農　民（1,000）	普及サービスの向上度 農業知識と技術の向上 生産・生産性の変化 経済的変化
普及員（100）	農家・農村訪問頻度 研修参加機会頻度・情報アクセス改善 郡・州農業事務所からの助言・指導 普及サービスマネジメント能力
郡職員（10）	普及員への助言・指導 郡事務所普及マネジメント改善

にすることで、そのプロセスの中で気づきを与え、また技術的な向上が期待できる以上に、調査結果に対するオーナーシップを醸成し、その後に続く改善に対しての準備が整うことを期待したわけである。

調査内容と調査結果

質問票は、農家１、０００名、普及員１００名と、対象となる10郡に対して配られた。３回の調査はそれぞれ目的が異なるため、質問内容はその都度見直された。

２０１４年６月、プロジェクト終了半年前に実施したインパクトアセスメントサーベイの調査結果として、プロジェクト目標である普及サービスの向上は、十分な改善（Yes, Very Much）とある程度の改善（To some Extent）を合計し79・5％となり、目標の80％はほぼ達成した。また、普及サービスの改善を感じた理由の内訳をみると、技術や教え方といった、普及員研修により支援してきた項目が高くなっており、研修の成果が普及サービスの向上につながったと考えられる。

調査手法への批判

プロジェクトで実施したこの調査の手法に関して、ＪＩＣＡ研究所より統計学の観点から、①普及員自身がインタビューを行うことによるバイアスの問題、②サンプルの抽出方法によるバイアスの問題が指摘された。ただし前述のとおり、この調査の目的は、単に客観的データを集めることだけではなく、調査を通じて普及員に「農家の話を聞く」という機会を提供するものであり、「普及」の現状をどのように農家が観ているのか／感じているのかを知ってもらうものでもあった。また、一連の調査の計画・実施・分析・まとめを農業畜産省のスタッフが実施することにより、彼ら自身の調査結果に対する理解度を深め、オーナーシップを醸成することができたと考える。もし、この調査を外部のコンサルタントに依頼して実施したとしたら、調査結果の科学性が担保されたとしても、農業局全体のキャパシティディベロップメントには寄与しなかったであろう。

本調査の批判の論点の1つとして、調査員が、農業省の普及員（政府職員）であったために、農民にとっては無言の圧力やイメージ効果（質問対象が目の前にいることによる）が起こり、また質問票に記述する際にも肯定的な意見のみを取ったりするというバイアスが起こるという批判であった。この問題を避けるために、調査員（つまり普及員）の業務対象地ではない場所で調査を実施してもらうことにした。しかしながら、普及員が目の前にいる中で農民が答えるという状況には変わりないので、ある程度のバイアスが起こることは否めなかったとも言える。

もう一方の批判は、サンプルの抽出方法についてである。各郡で5名の普及員が調査員として選出されたが、この選出に関しては、各郡の能力の高い普及員（仕事をしっかりとできる）が選ばれた。そして、各調査員（普及員）は対象地において2つの村を選び、またその中からそれぞれ10名の農民をサンプルとして抽出した。村の選定については、マイクロプロジェクトを実施しているキャンプでは、その対象村とその他の「平均的な村」を選ぶようにした。農民については、村の住民リストからランダムに選出したが、その中でも比較的所得が高い村民、平均的な村民、貧しい村民を選ぶように指示がだされた。このサンプル農民選出方法については、サンプルとして真の意味での無作為でなく恣意的なものであるので、統計的には科学性がないと批判された。

この2つの批判がなされた背景として、プロジェクトが意図した調査は「改善のためのきっかけとしての調査」である一方で、「科学的統計のための調査」の観点から相容れないものとなった結果がある。

プロジェクトの目的は、農業局の普及サービスを改善することにある。それは単なる制度の構築だけでなく、職員の意識改革も含まれるものであった。このため、調査はプロジェクトの他の活動へのインプットであるとともに、「気づき」の機会提供としての「プロジェクト活動そのもの」とも位置づけていた。調査をあえて普及員に実施させ、その結果を州および本省職員が分析し、その結果を関係者全員で自分たちの言葉で語らせることによって、普及員から上司までに「気づき」を与えようというシナリオであった。また調査期間についても、気づきから改善につなげるためには、スピードが重要なポイントであると考えた。調査に時間を取り過ぎれば、それだけ改善に回す時間がなくなるため、なるべく早い段階で確実にデータをそろえられるように、普及員の中でも優秀な人材を選出し、調査員とした。その結果、第1回の農民調査票は100%の回収率であった。

また、優秀な調査人材の選出プロセスは、もう1つの重要な意味を持っていた。それは、選ばれた普及員は、この後に続く改善のプロセスを引っ張っていく職員になりうると考えたことである。この調査は、普及員たちに、自分たちが今後の普及改善のリーダーであると自覚させる機会になるという意味合いもあった。そして、この優秀な普及員が実際に農民に会い、「お客様（農民）の声」を直接聞くことにより、さまざまな学びを得ることができる機会であった。お客様の声を聞くという取り組みは、多くの企業や組織で日々実践されていることである。そのため、プロジェクトのニーズ調査は、この「お客様の声」を直接聞き、農業局の普及サービス改善のための初動活動として位置づけたわけである。

第12章　プロジェクト広報

プロジェクトニュースレターおよび動画

プロジェクト期間中、毎週ニュースレターを英文で休まず発行し、プロジェクト終了時に発行した253号（2014年12月12日）が最後になった。

ニュースレターの原稿は、プロジェクト専門家の執筆以外にも、カウンターパートや普及員による寄稿も含まれた。発送先は、英語版約280名、日本語版約130名にのぼり、彼らにとっても自分の活動が記事になりたくさんの人々に紹介されるのはいい刺激になったと思われる。また、プロジェクト活動を記録した短編動画は、実に150本以上になった。

ザンビアメディアへの露出

プロジェクトでは、農業畜産省の広報担当部局である農業情報サービス局（National

Agriculture Information Service/NAIS）との連携による広報推進を実施してきた。農業情報サービス局は農業畜産省の一部局であるため、必要に応じて取材に係る実費（日当、燃料代等）を支援するのみであったが、同局が枠を持つ国営放送局のZambia National Broadcasting Corporation（ZNBC）のニュース（19時／21時）で、プロジェクト活動（カウンターパートたちの活動）を紹介していった。この番組は視聴率も高いため、プロジェクト活動の広報だけでなく、全国放送されることによるカウンターパートたち自身のモチベーションの向上にもおおいに寄与した。

表 12－1　プロジェクトのメディア露出

時　期	媒　体	内　容
2011 年 11 月	ザンビア国営放送（ZNBC）	北西部州 PaViDIA ワークショップ
2013 年 3 月	ザンビア国営放送（ZNBC）	ルサカ州・西部州新人普及員研修
2013 年 6 月	ザンビア国営放送（ZNBC）	北西部州新人普及員研修
2013 年 6 月	地元ラジオ	北西部州新人普及員研修
2014 年 2 月	ザンビア国営放送（ZNBC）	北西部州 PaViDIA マイクロプロジェクト
2014 年 3 月	ザンビア国営放送（ZNBC）	ルサカ州 SAO 研修
2014 年 3 月	地元ラジオ	セントラル州 SAO 研修
2014 年 4 月	地元テレビ	北西部州 SAO 研修
2014 年 4 月	ザンビア国営放送（ZNBC）	ルサカ州 PaViDIA マイクロプロジェクト
2014 年 5 月	地元ラジオ	ムチンガ州 SAO 研修
2014 年 5 月	ザンビア国営放送（ZNBC）	ルサカ州 PaViDIA マイクロプロジェクト（ドキュメンタリー）
2014 年 5 月	ザンビア国営放送（ZNBC）	西部州 SAO 研修
2014 年 9 月	ザンビア国営放送（ZNBC）	北部州適正技術ドキュメンタリー

第3部　日本の技術協力のあり方を考える

第13章　プロジェクトが目指してきたもの

モデル型プロジェクトの〝限界〟を超えて

「農村振興能力向上プロジェクト」というプロジェクトが、前身プロジェクトの教訓から生まれてきたことは第1部で述べた。ここでは、なぜこのような組織全体を対象にしたプロジェクトを実施する必要があったのか、一プロジェクトの後継という見方を超えて、より広い視点からその背景と意義について掘り下げてみたい。

ザンビアが1964年に独立してからすでに半世紀が経過し、それまで多額の資金が農村地域の発展のために投下されてきたが、ザンビアのみならずアフリカの農村地域における貧困解決への道のりはまだ長くて厳しい様相である。そこで、貧困の根絶を目指し、ＪＩＣＡ

はザンビア政府と協力して、90年代後半から農村地域での開発を進める住民参加型の支援プロジェクトを継続的に実施してきた。これらのプロジェクトを通じて、これまで354村の25万人にも上る村民が自分たちの村の開発に主体的に参加し、それぞれのニーズにあった村レベルの小さなプロジェクト(マイクロプロジェクト)を実施してきた。その結果、村の中には、主体的に関わった住民たちの平均年収が倍増(名目値)したり、家や家財も具体的に改善されたり、また村の組織としての機能も強化されるなど、多くのインパクトが確認された。

では、これで本当にザンビアの貧困は根絶されたと言えるのだろうか。

プロジェクトが関わった地域では状況がよくなっているところもあるが、他の地域にはまったくその効果が広がっていない。またプロジェクトの対象地域でさえ、プロジェクトの支援が終了したとたんに効果が逓減していくということも、これまでの多くのドナー支援のプロジェクトが直面してきた問題である。なぜ、このようなことが繰り返されてきているのか?

それは、これまでの技術協力プロジェクトが「モデル型」または「パイロット型」と呼ばれる類のプロジェクトであるためではないかと考える。技術協力プロジェクトは、「プロジェクト」とあるように期間や地域が限定されており、その中で質の高い「成果」を出すことが求められる。その限定の中で、プロジェクトはより洗練された成果を出すことで、これを「モデル」として途上国政府の活動／アプローチに取り入れてもらい、それを全国に展開することが前提となっている場合が多い。ＪＩＣＡのザンビアにおける10年以上にわたる継続的な支援の前身プロジェクトも、このモデル型のアプローチを続けてきた。しかし、そもそも全国にアプローチを展開できるような能力を途上国政府がしっかりと持っているという「前提」は妥当であったのか？

アフリカの途上国は国としての歴史が浅いこともあり、前身プロジェクトのようなアプローチを含めて、農業政策・戦略を自分で作って実施するという基礎能力・制度・組織機能自体が不足していることが本省、州、郡のあらゆるレベルであった。ザンビアももちろん例外ではないことが、前身プロジェクトの10年の中で明らかになってきた。7年間の前身プロジェクトを通じて、住民参加型農村開発の手法や人材育成、そしてそのプロジェクト実施のための資金といったすべての条件がそろった状態でも、基本となる農業畜産省の普及システム全体が十分に機能しておらず、村への投入が大幅に遅れる、資金が無駄に使われる、現場の状況がまったく把握されていないなどの問題が、前身プロジェクトの後半で顕著になってきたのである。

もちろん、モデルをつくる時に、農業畜産省スタッフの能力レベルに合わせていくことは無論のこと、日本人専門家と相手国カウンターパートとの協働の中で、単なるモデルに終わらせない努力が日夜されてきたのは言うまでもない。一方で、そのような状況下でも、JICAのプロジェクトは日本人専門家が入っている以上、日本人が納得できるレベルの質は常に求められ、目に見える成果を短期間に出すためには、相手国政府の業務実施ペースよりも、日本人の求めるスピードで物事を急がせてしまうことも現実として行われている。これまでの技術協力プロジェクトの「プロジェクト」たる宿命であり、目に見える成果は出ても、それが他の地域に広がらず、また継続もできないという、モデル型プロジェクトの「限界」にいつも直面してしまうわけである。

貧困の根絶に本当に必要なものは何であろうか？　前身プロジェクトの10年以上の現場での活動を通じて、当時のプロジェクト計画立案に関わった日本人専門家およびザンビア人カウンターパートたちは、それを貧困根絶の政策を実施するための基礎的な能力そのものと考えた。それは非常に単純なもので、「政策をつくり、計画し、実施し、管理・評価する」という基本中の基本の能力である。いくら日本人専門家やコンサルタントといった外部者が良いモデルをつくったとしても、それを政策の中に取り入れ、実施していくという能力が現地の政府に充分ない場合は、すべての技術協力が〝モデル〟で終わってしまう。モデルは「モデルハウス」という言葉があるように、きれいでわかりやすいが、そこに生活はない。プロジェクトで粉飾されたモデル地区は、「箱庭」「盆栽」と同じである。

このような良いモデルを提示しながらも、モデルで終わってしまっている技術協力プロジェクトはＪＩＣＡだけの問題ではなく、他ドナーの場合でも多いのが現実である。そして、これからもこのような先の見えないモデル型プロジェクトは量産されつづけるかもしれない。なぜ、そのような状態が継続しているのだろうか？

１つには、この「基礎能力」は基本的であるからこそ見えにくい、というところがある。通常、政府があり、また行政組織が存在する場合には、当然そのような能力があるというのが前提である。しかし、そのあるはずの能力が充分でないということを目に見える形で立証するのは難しく、またそのようないわば失礼な指摘を外部者がすることはリスクも高いし、ザンビアのマネジメント文化においてあまり明言すべきものでもない。そこで、能力がないとは言わず、「資金がないからできない」という弁明が何回も繰り返され、結局うわべの理由に帰結し、対処療法的なプロジェクトが繰り返し計画され実施されてきていると言えるのではないだろうか。

プロジェクトは、農業畜産省の普及サービスマネジメントの基礎能力の強化に注力した。その中で支柱となる3つの基本方針があった。それは「現場から考える」「協働から相手主体へ」「システム全体」である。

「現場から考える」とは、現場の実践から組織の本当に必要な能力を考え、具体的な活動を通じて現場を改善し、そのような事例を徐々に集めながら上部組織にアピールし、制度や政策として整えていくことである。またそのプロセスの中で、各個人の意識を変えながら、最終的には上司やその組織の意識を変えていくことを目指した。10年の歳月を経て作られた住民参加型の開発手法を組織の末端である現場で活用し、その現場の活動から見える課題を明らかにして、組織的な問題と原因を突き止め、具体的な改善を繰り返すことで、実践的な能力を向上させるわけである。この下からのアプローチは、上からのアプローチ、つまり最初に政策や制度をつくり、その枠の中でコンテンツ（中身）や個々人の能力をあげるという方法とは対照的なアプローチである。上からのアプローチは、予算や人材不足が慢性化しているザンビア農業省には使えないと判断したからである。すでに予算不足が本当の原因ではないことは前述したとおりである。多くの欧米系のドナープロジェクトは、どちらかというとこうした政策や枠組みを最初につくって現場で活動を実施していくという演繹的なアプローチが多いが、プロジェクトは、現場の成果を積み上げて枠組み・政策を考えていくという、いわば帰納的なアプローチだったとも言える。

2つ目の基本方針は、「協働から相手主体へ」である。これは、プロジェクトで活動した私たち日本人専門家とザンビア人カウンターパート職員との活動実施における関係である。これまでも「協働」という名のもとに、ザンビア人と日本人が一緒に汗をかいてその中で実践的な知識を学んでもらうということは実践されてきた。プロジェクトでは、それをさらに先鋭化し、協働というワーキングスタイルは継続しつつも、その主体はあくまでザンビア政府の関係者という位置づけを明確にすることに心がけてきた。日本人専門家がプロジェクト活動の現場で動くのは必ず最後というスタンスで活動を実施した。私たち日本人専門家はアドバイザーに徹し、我慢しながらも相手のペースを尊重し、相手が自分たちで動くまで待ちながら活動を進めた。研修の開催、会議での提言、研修に必要な配付資料の準備等、できる限り彼らの試行錯誤や経験を重視して、専門家が中心になって実施するような状況にならないように留意した。もちろん、それまでの準備の段階等では1人ひとりへの指導や助言は行ったが、カウンターパート個々人の能力向上には、彼ら自身が考え失敗しながらも主人公になって活動を彼らの業務として実施することを重視した。このようなアプローチでプロジェクト活動を実施すると、プロジェクト期間内で目標が達成できないかもしれないという、プロジェクトとしては致命的な欠点・リスクもあった。しかし、極論を言えば、プロジェクト・デザイン・マトリックスに書かれたプロジェクト目標が達成されなかったとしても、ザンビア人が主体性を持って試行錯誤したがゆえに達成できなかったのであれば、それはそれですばらしい教訓ではないかと考えたわけである。そもそもプロジェクト・デザイン・マトリックス（PDM）に設定された目標達成には、「プロジェクト実施に関わる人材育成」という要素は明記されていないが、開発協力の現場では実はとても重要な要素であるのは、この本の冒頭でふれた「技術協力」の目的のとおりである。

また「協働」の根底には、同様に本書の冒頭に記載したとおり、技術協力事業は「キャパシティ・ディベロップメント」であり、この「協働」のプロセスにおいてカウンターパート個々人および組織の能力向上が行われるという考えがあった。つまり、カウンターパートの能力向上は、自分で試みながら「体得」するものであり、自ら行うという「主体的な能力」を身に付けるには、「経験／体得」を不可欠のプロセスと考えたわけである。

3つ目の「システム全体」とは、プロジェクトの改善対象についてである。大きく分けて、農業畜産省の「本省」「州・郡の地方事務所」「現場普及員」そして「農家・農村」という対象があるが、プロジェクトでは、これらのすべてのレベルがシステム全体をなすものとして、その改善対象にした。現場に近い農家や普及員が抱えている技術的な課題を改善する中で、その指導は地方の郡・州事務所の職員の役割であり、また政策としてそれを生かしていくのは本省の職員の役割である。システム全体を対象にすることで、システムとしての課題も明確化し、組織全体の改善を目指していくことにしたわけである。プロジェクト対象地でのモデルの成功に終わらせずに、それを他の地域で普及させるための活動を通じて、組織全体の能力を向上させることが非常に重要であった。

その結果、プロジェクトの後半には、それぞれの成果が全国に自然に広がっていった。具体的には普及員手帳、普及員の研修（新人研修）、上司のマネジメント研修、そしてザンビア史上初めての全国的な普及戦略づくりがすべての郡（１０３郡）で実施された。１つのプロジェクトが推奨したものが全国に広がり、まさにプロジェクトが目指してきた、政策実施能力の基盤づくりをすることができたわけである。

もちろん相手の主体性やペースを尊重し、また全体のシステムを相手にしているため、前身プロジェクトのような裨益者を直接ターゲットにする技術協力プロジェクトに比べると「農家の収入が向上する」とか「活動が急激に活性化する」というような目に見える成果は出しにくい。これまでのモデル型のプロジェクトに比べればわかりにくいともいわれたが、わかりにくいプロジェクトだからこそ、理解を促進するための広報の努力が不可欠であった。しかし、成果を急ぐあまり、主体であるはずのザンビア人カウンターパートを追い越して、日本人専門家が活動を肩代わりするということは本末転倒であるが、「日本人専門家の評価」が「プロジェクトの目標を達成できたかどうか」に集約される場合には、そうした状況になってしまう場合も少なくないのではと考える。一部の農業・農村開発プロジェクトでは、農業生産・生産性の向上を成果として課すが故に、その達成のため、日本人専門家自身が直接、農家・農民に指導して成果の達成に走るという事例も少なくない。しかし、先方政府の行政サービスは、ドナー支援の一過性「プロジェクト」と異なり、半永久的に継続する公共サービスである。そのキャパシティ強化に協力することとは、一過性のイベント（プロジェクト目標達成）やモデルづくりに終始しない貧困〝根絶〟のための技術協力であり、それが私たちのプロジェクトであった。

普及サービス基盤の構築とは何か？

プロジェクトが目指してきた基礎能力の向上とは、具体的には普及サービス基盤の構築である。前身案件のマイクロプロジェクトでもおコメでも小規模灌漑でも、どんなコンテンツ（モデル）でも全国2，000余名の普及員の普及サービスの基盤にのせれば、一度で必要とされるところまで届く仕組みづくりである。たとえて言うなら水道管のようなものであろうか。どんなコンテンツも、上から流せば全国隅々まで流れていく組織のインフラ整備のようなイメージである。

次のページに、普及サービスの基盤のイメージ図を示す。最初に農業畜産省郡農業事務所が中心となって、国の農業戦略や州の農業課題、研究所の成果、NGOやドナーの活動も考慮したすべての普及に関わる活動を、共通の目的や地域、農業手法などに分類して明確化し、郡の普及サービス戦略としてまとめた。この戦略に基づき研修が実施され、また普及活動計画カレンダーが作成され、これをもとに現場での普及活動を実施し、ログシートにつぶさに記録しながら普及活動を進めるようにした。そしてこの普及活動は、改善されたモニタリングシステムがより効果的な実施を後押しし、その結果として、標準化されたシステムでの普及サービス実施管理が可能となるという流れであった。

前身案件も、当初はプロジェクトオペレーション室という独自の水道管を作ろうとしたが、全国展開にあたって農業畜産省の水道管の活用を試みた。しかし、その時の農業畜産省

図 13－1　普及サービス基盤

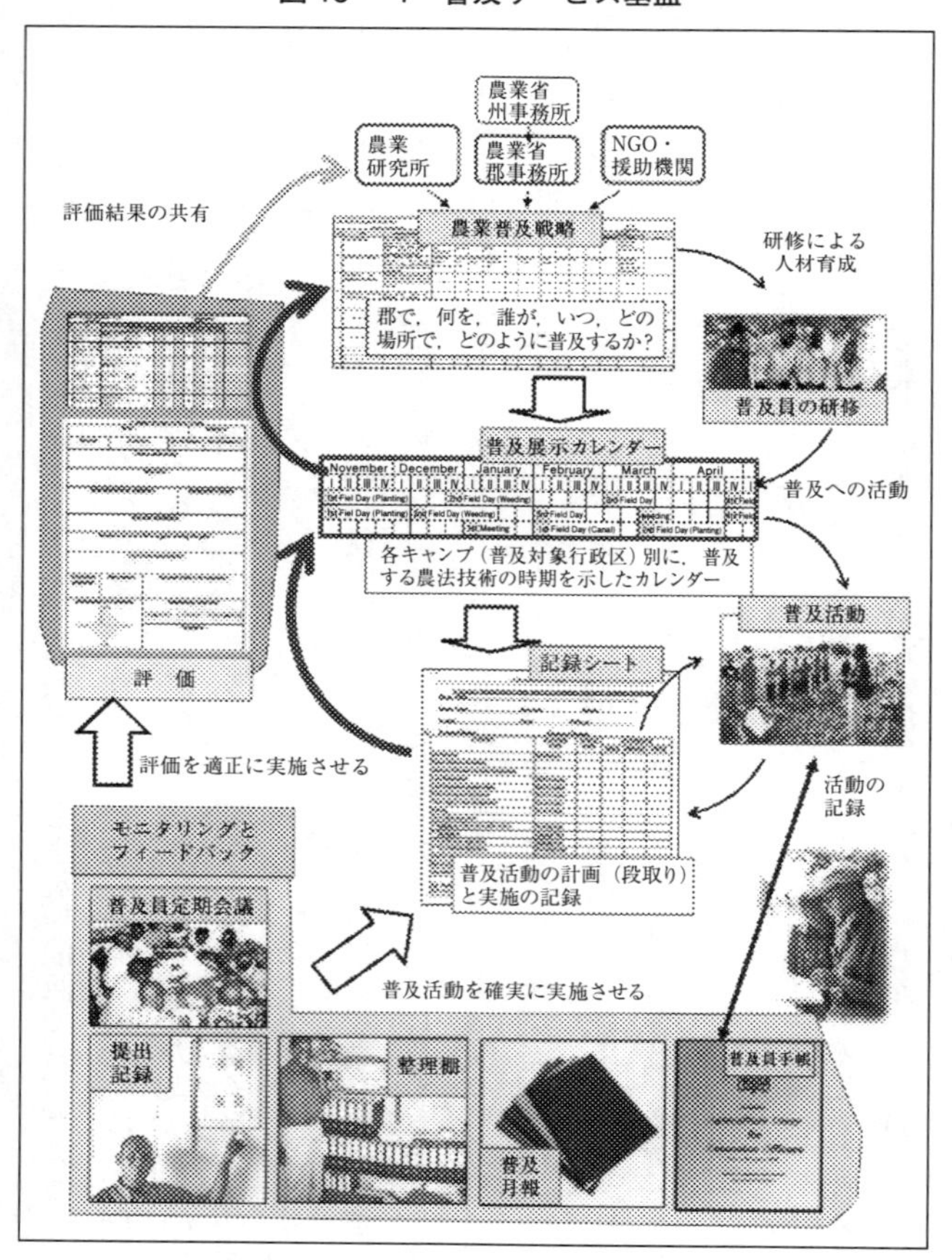

出所：RESCAP 専門家作成。

の水道管は完全に詰まっており、モデル型プロジェクトアプローチの限界に直面した。また欧州連合（ＥＵ）支援プロジェクトを除いて、他援助機関が支援するプロジェクトの多くが、農業畜産省の普及システムの外で独自のプロジェクト実施体制（プロジェクト・マネジメント・ユニット／Project Management Unit（PMU））を設けて、独立して活動を展開をしていた。ここでは技術協力としての農業畜産省「人材育成／キャパシティ・ビルディング」の意図はなく、あくまで時限的なプロジェクト目標の達成が優先されているわけである。私たちのプロジェクトは農業畜産省の水道管を、使える部分は掃除してきれいにし、壊れているところは修理することを目指した。そして、まだ水漏れも多いが、とりあえず何とか上から下まで多少なりとも流れるようになった普及サービスの基盤が構築された。しかし、前述のプロジェクト・デザイン・マトリックス（ＰＤＭ）指標で確認できるプロジェクト期間中の普及制度の改善だけでは、これまでのモデル型プロジェクトと変わらない。今後、どれだけのコンテンツがこの普及サービスの基盤の上を流れていくか、それが私たちのプロジェクトの本当の評価を決めると言っても過言ではない。

プロジェクトは終了したが、この普及の基礎となる農業畜産省の組織としての能力はまだまだ脆弱である。計画能力から政策実施能力、予算管理能力、人事管理能力にいたるすべての面で、農業畜産省にはまだ課題が山積している。その脆弱な基礎にのった普及基盤が持続的に活用されるのか、今後の農業畜産省関係者の努力とこれを継続支援してくれる他ドナー／プロジェクトが出てくることを願いたい。

第14章　キャパシティ・ディベロップメントからみた農村振興能力向上プロジェクト

冒頭で述べたとおり、このプロジェクトを一言で言い表すなら、農業局のキャパシティ・ディベロップメント（Capacity Development/CD）のプロジェクトであった。キャパシティをとらえる視点として、２００８年に国際協力機構の研究機関である国際協力総合研修所（現ＪＩＣＡ研究所）がまとめた『キャパシティ・アセスメントハンドブック』では次のように整理している（表14―1）。

表 14－1　キャパシティをとらえる視点

(視点その 1) キャパシティ（課題対処能力）を構成している要素をとらえる	テクニカル・キャパシティ (技術や特定の知識，組織として蓄積される暗黙知等)
	コア・キャパシティ (テクニカル・キャパシティを活用して課題を主体的に解決するマネジメント能力，意思・姿勢，リーダーシップなど)
	環境基盤 (技術協力が対象としている組織がその能力を発揮し，成果を生み出すことを可能にする諸条件)
(視点その 2) 組織に焦点を当ててキャパシティをとらえる	内部要素 (人的資源，業務プロセスや組織の体制を調整する広義のマネジメント)
	外部環境 (政策・制度環境，一般環境（経済や社会環境），組織間環境)
(視点その 3) キャパシティの特性とパフォーマンスとの関係	キャパシティの基本特性 「総体システム」: 個人，組織，制度・社会の相互関係としてとらえる 「可視／非可視性」: 目に見えるキャパシティとそれを支える目に見えないキャパシティ 「非直線的な成長」: CD のための働きかけをしても必ずしもすぐにキャパシティは変化しない 「短期的な成長／長期的な成長」: 総体としてのキャパシティは長期的な変化
	CPI モデル CPI モデルは，キャパシティ（C）の向上によって CD の主体が日々成果（＝パフォーマンス（P））を生み出し，その成果の積み重ねによって次第に課題が解決される（インパクト（I）が生じる）ことを示すものである。また目に見えるパフォーマンスにつなげるために，当該国の環境基盤（E）にも働きかけ，外部からの資源（R）を戦略的に活用することで，持続的にキャパシティが向上していくと考えられる。

出所：『キャパシティ・アセスメントハンドブック（2008 国際協力総合研修所)』より。

表 14－2　プロジェクトのキャパシティ構成

キャパシティの構成	プロジェクトの活動
テクニカル・キャパシティ	適正技術の特定（成果 1） 普及員研修，講師研修の実施（成果 2） 普及員の普及サービス知識・技術能力（成果 3） マネジメントツールの導入（成果 4）など
コア・キャパシティ	郡・州・本省レベルでの管理職の普及マネジメント能力（成果 5）
環境基盤	マスタートレーナーおよび研修体系の整備（成果 2） 普及戦略（成果 5）

キャパシティの構成

このキャパシティの視点からプロジェクトの活動をみると、どうなるだろうか。まず、視点その1のキャパシティの構成からみると、成果1の適正技術が主にテクニカル・キャパシティに該当し、マネジメント強化や普及戦略の立案がコア・キャパシティ、そして研修体系の確立や普及戦略の策定が環境基盤に該当すると言える。

またテクニカル・キャパシティにある各成果（1〜4）の中でも、テクニカル・キャパシティとコア・キャパシティ、環境基盤の要素があると言える（表14―2・14―3）。

表14－3　各成果のキャパシティ構成

	テクニカル・キャパシティ	コア・キャパシティ	環境整備
適正技術の特定（成果1）	14の適正技術そのもの（ラインマーカー，コメ栽培技術，除草除虫技術，灌漑技術）	適正技術を見出す能力，適正技術の判断基準や，判断方法，またガイドライン作成技術	適正技術を生み出すための環境（研究所との連携やデモ設置など）
普及員研修，講師研修の実施（成果2）	普及員研修を実施する能力，研修資料作成能力	普及員の能力を見極め，適正な研修を企画・運営・評価改善する能力	研修のための施設（FTC）の整備，マスタートレーナーの政府による認知
普及員の普及サービス知識・技術能力（成果3）	普及員が身に付けた技術そのもの（上記の適正技術含む）	身に付けた知識を活用し，また地域の特性に応じて改善していく能力	普及員の活動への予算配分や郡による技術支援
マネジメントツールの導入（成果4）	報告書の提出チェックシート，普及員手帳，などのツール	ツールを継続的に活用し，必要に応じて改善していく能力	普及員手帳継続のための予算確保，ツールの政府による認知

表 14 － 4　組織に焦点を当てたキャパシティ

組織を構成する主体である人的資源	スタッフ個々人の潜在的な能力とポテンシャルは存在するが，マネジメントが，個々人のこうした能力の開発・向上が組織全体のキャパ向上につながっていくという認識が薄く，スタッフのモラルの低下につながっている。
業務プロセスや組織の体制をも調整する広義のマネジメント	農業畜産省（農業局）管理職が，部局の目的を達成するための戦略を有していないため，それぞれのスタッフが，個人レベルの業務あるいはドナープロジェクトに専念し，同じ組織内でありながら，ばらばらの活動体制になっており，効率的に業務を組織として実施する組織文化がない。
組織に影響する外部要因	国家農業政策（NAP）の改定作業が遅延しており，普及サービスが，どのように戦略的に改善されるべきなのかの指針・ガイドラインが不在。
組織が成果を出していくために必要とするインプット	毎年普及分野の予算は，現場レベルでの活動予算が，国家予算書に承認され掲載されていても，実際の四半期ごとの予算はほとんどないのが現状である。

組織に焦点をあてたキャパシティ

視点その2では、「キャパシティのアセスメントを実際に行う際、個人、組織、制度・社会システムを別個にアセスしただけでは総体的なキャパシティの特性、あるいはCDの包括的な視点を失いかねない。そこで、技術協力の対象であり、CD成果を出す主体でもある「組織」に焦点を当てて全体をアセスする視点が有効である。」としている。そして組織に焦点を当てた場合、①組織を構成する主体である人的資源、②業務プロセスや組織の体制をも調整する広義のマネジメント、③組織に影響する外部要因、④組織が成果を出していくために必要とするインプット、からとらえることが望ましいとされている。

この視点で、プロジェクトが支援してきた農業畜産省の組織の状況をみるとどうだったのであろうか。農業局を中心に一部他部局も含めて考えると、おおよそ表14－4のように状況分類ができる。

キャパシティの特性

視点その3としては、次の4つの特性があげられている。

「総体システム」：個人、組織、制度・社会の相互関係としてとらえる
「可視／非可視性」：目に見えるキャパシティとそれを支える目に見えないキャパシティ
「非直線的な成長」：CDのための働きかけをしても、必ずしもすぐにキャパシティは変化しない
「短期的な成長／長期的な成長」：総体としてのキャパシティは長期的な変化

この4つの特性から、プロジェクトの農業局（普及サービス）のキャパシティ強化を振り返ると、まさにこの4つの特性を考慮したアプローチとなっていたのではと考えられる。「総体システム」という点では、プロジェクトは、農業畜産省の普及サービスに関連するすべての職員、つまり現場職員（普及員）から本省の職員までを対象にして、研修や指導を通じてそれぞれの職員の能力強化を支援した。またミーティングや上司への働きかけを通じて、それぞれの職員同士の「つながり」や「コミュニケーション」を促進しながら、農業畜産省の普及サービスをつかさどる農業局全体を支援してきた。

「可視／非可視」という特徴では、普及員のパフォーマンスという目に見えにくい（非可視化）ものを、たとえば普及員手帳や報告書提出チェックリスト、またフィードバック率といった目に見える（可視化）もので表現することに努めた。ただ、それが単に「数字信奉」による課題の矮小化にならないように、プロジェクトとしては数字を追うのではなく、数字の一方でカウンターパートの行動や発言にも注意をはらい、果たしてプロジェクトによる能力の強化が進んでいるのか否かということを意識しながら、プロジェクトを進めていった。

「非直線的な成長」というところは、まさにプロジェクトでもみられた現象である。最初の年にはうまくいったとしても、次の年にはうまくいかないこともあり、成長したように一時見えても、実はまったく何もわかっていなかった、という例は多い。さらに、うまくいかなかった経験がもとになり、それを契機にして本当の成長がみられることもあった。その変化が、数カ月～数年というスパンで一進一退をしているような状態もあった。ただ、5年という歳月からみてみると、プロジェクト当初では、日本人専門家がすべて支援しなければできなかったことの多くが、プロジェクトの後半では、日本人専門家の支援は10～30％まで軽減することができていた。長い時間をかけながら前に進んだことは間違いなく、われわれ専門家も実感したことであった。まさに、これこそキャパシティ・ディベロップメントの最後の特徴である「長期的」な視点で見ていかなければ、本当の成長はわからないという特徴を示しているものと考える。

CPIモデルとプロジェクトのアプローチ

視点その3の1つとして、CPIモデルというものがある。終了時評価では、JICA専門員によって、このモデルでプロジェクト評価が試みられている。CPIモデルは、キャパシティ（C：Capacity）の向上によってCDの主体が日々成果（＝パフォーマンス（P：Performance））を生み出し、その成果の積み重ねによって次第に課題が解決される（インパクト（I：Impact）が生じる）ことを示すものである。また、目に見えるパフォーマンスにつなげるために、当該国の環境基盤（E：Environment）にも働きかけ、外部からの資源（R：Resources）を戦略的に活用することで、持続的なキャパシティ向上につながっていくと考えられるモデルである。

プロジェクトの場合、まさに各個々人およびその組織のキャパシティ（C）を、日本人専門家からの直接指導、ミーティング、ワークショップ、研修などを通じて向上させることで、普及員の普及活動や管理者としてのマネジメントといったパフォーマンス（P）を改善した。そして農家への普及サービスを具体的な形（デモ数、訪問回数、普及指導内容）で向上させて、農産物の種類の増加や農家の幸福度というインパクト（I）につなげていこうとしたわけである。環境基盤である政府組織やその他の関連組織（NGO）にも働きかけ、また政府内および政府外の資源（R）の活用もして、普及サービスの向上に寄与させることを試みた。

もう1つプロジェクトの特徴としては、このCPIを現場の視点から分析し、現場の農家の生活が向上するインパクト（I）を出すために、どのような普及サービスを行うべきか、つまり必要なパフォーマンス（P）を考え、そのために必要なキャパシティ（C）を絞り込んできたことである。つまり、現場での普及活動をどうするのかという具体的な視点から、本当に必要なキャパシティを向上させ、それをすぐに実践し、インパクトをみて、さらに次のキャパシティ向上を考えるというアプローチをとっていたわけである。それはいわば、I→P→C→P→Iの反復サイクルとも言える。そして、この反復サイクルは、プロジェクトの実施期間に関係なく、農業畜産省の普及サービスのサイクルとして継続すべきもので、これがプロジェクトが目指した「普及サービスのシステム」でもあったわけである。

さらにプロジェクトでは、現場での実践から具体的な成果を出して、それを支えるためのマネジメント能力を絞り込んで設定し、管理者（郡や州の職員）を育成してきた。そして、その郡や州の管理者をさらに後方から支援するための本省の役割と能力を設定して、そのためのキャパシティを育むという包括的なアプローチだった。それは「現場（下）から管理者（中）、そして政策（上）へ」というアプローチと言える。

通常は国の政策に従って、中間者が施策に落とし込み、現場はそれを活動またはプロジェクトとして実施するというアプローチが多い。特にアフリカ諸国では、中央政府と協議をもってプロジェクト内容／政策方針を決めることが多い。しかしながら、農業畜産省は、政策計画・政策実施能力・予算管理能力すべてにおいて脆弱な組織だったので、普通の「上から」のアプローチだけでは非常に無駄が多くなり、また現場からみれば現場のニーズ・現状から乖離している場合もあった。一方、現場では農家が日々農業を営んでおり、また具体的な課題が山積している。そのような具体的な課題を1つ1つ解決しながら、その中で必要な能力を普及員から直属の管理者がつけていくと同時に、中・上部組織の能力強化も「現場」として図っていくことをプロジェクトでは重視したわけである。プロジェクトがボトムアップを中心としながらも包括的に「現場」を重視するアプローチは、このような脆弱な組織のキャパシティ強化においては効果的だったのではと考える。

第15章　プロジェクトマネジメントからみたプロジェクト

PDCAサイクルの観点から

プロジェクトをPDCA（Plan：計画―Do：実施―Check：評価―Action：改善）サイクルの観点から整理してみたい。PDCAサイクルとは、計画・実施・評価・改善の4ステップからなる、活動の継続的改善を図るマネジメントサイクルである。JICAは案件の実施に際して、案件形成、事業の事前段階から、実施、事後の段階、そして次の案件形成に生かすためのフィードバックという、PDCAの各段階で評価を行うことにより、開発効果の向上に努めている。

まず計画についてプロジェクトを振り返ってみると、これまで前身案件からの経緯でみてきたように、プロジェクトを形成したときの問題意識は当時の日本人専門家、一緒にプロジェクトを実施してきた農業畜産省のカウンターパートたち、そしてJICA職員等の関係者間で共有されながら計画されたものであった。プロジェクト・デザイン・マトリックス（PDM）の活動内容および指標が、プロジェクト開始当初に十分に定まっていないという課題はあったが、少なくともこの時点でプロジェクトが目指す大きな方向性が示されていた。

しかし、プロジェクト形成に直接関与していなかった当時の農業局長は、プロジェクトに対して当初は非常に批判的な立場であった。これは、マイクロプロジェクトの実施は、農業局全体の活動から見れば微々たる活動にすぎないこと、またマネジメントの問題は部外者が口を出す問題ではない、というのが当時の農業局長からの主な批判の論点であった。前身プロジェクトは当時の日本大使の強い支援もあり、その継続を同大使が積極的に推進していこうとしていたが、と同局長にとっての農業局の重要課題への支援という考えとの間に大きな隔たりもあった。

そこで、当時の農業局長に対しては、

・マイクロプロジェクトは、普及現場の活動のひとつであること、
・プロジェクトは、農業局の普及サービス全体を対象とした、技術協力支援プロジェクトであること

・マイクロプロジェクト以外の包括的な活動を展開していることを随時説明・報告し、プロジェクトへの理解を深めてもらい、徐々に同局長のプロジェクトへの評価も改善されていった。

活動内容（Do）については、普及サービス全体の向上を目的としたため、具体的な活動を1つに絞り込むことは困難であった。特にプロジェクト開始当初は、いろいろな試行錯誤の活動が行われた。たとえば普及員手帳は、プロジェクト活動の全国展開の先駆けとなったツールだが、もともとは複写機で印刷しただけの簡易なものであった。またプロジェクト対象州の北部州で盛んになったキノコ栽培も、数ある適正技術の候補の1つであり、決して重点作物として当初から取り組んでいたわけではなかった。

しかし振り返ってみれば、そうした活動（Do）の〝広がり〟の部分が、その後のプロジェクトのインパクトにつながっていたことは確かである。

また活動主体から見ると、専門家中心の活動からカウンターパート中心の活動へと明確にシフトしていった。たとえば、プロジェクト初期の頃の研修は、教材の準備から研修実施まで日本人専門家の手厚いサポートのもと実施したが、プロジェクトの最終年度（2014年）では、カウンターパートから提出された研修計画に基づいてプロジェクトが予算支援を行い、日本人専門家はオブザーバーで参加するだけで、質の高い研修がカウンターパートたちだけで実施されるようになっていた。

プロジェクト活動の変遷の詳細は、第3章ですでに述べたとおりである。ニーズアセスメント調査と研修を試験的に実施した初期、マスタートレーナーたちを中心とした制度作りや全国展開準備を本格化した中期、そして計画や中間管理職（ミドルマネジメント）に注力した後期といった変遷を経ているのは、当初の計画ではなく、プロジェクト活動を通じた変遷の結果であったと言える。ただし、本来のCheck機能であるＪＩＣＡプロジェクト実施の際に設けられる合同調整委員会（Joint Coordination Committee：JCC）やプロジェクトマネジメント委員会（Management Meeting）は開催回数も限られ、どちらかと言えばプロジェクト活動の報告の場といった傾向となっていた。そのため、実際のCheck機能は、専門家と相対するカウンターパートたちとの日々の業務の中で行われ、活動の軌道修正が図られた。

第16章　農村振興能力向上プロジェクト（RESCAP）の妥当性

プロジェクト批判の論点

プロジェクトの取り組み方（プロジェクトデザイン）には、常に各方面から批判・疑問の声があった。

ここではプロジェクトのアプローチに対する批判の論点を整理したうえで、プロジェクトの妥当性について検討したい。

批判の1つ目は、ザンビア政府の農業普及サービスを支援するということは、投入に対して定量的な成果が期待できないという指摘であった。農家の生計、生活の向上を測るのであれば、直接支援、あるいはNGOや民間を活用したほうが効率的であるという意見があった。これは、最初の案件の参加型持続的村落開発プロジェクト実施時、農業畜産省（当時、農業組合省）の政策アドバイザーが、同省の普及システムではなく、直接、農民／農村社会を支援するモデルを導入したこと、また欧州連合支援のプロジェクトを除く他の援助機関のほとんどが、同省の外にプロジェクト・マネジメント・ユニットを設けてプロジェクトを実施していることからもうかがえる。プロジェクトが始まった背景も、公共の農業普及サービスが機能していないことがきっかけであるため、実は問題認識自体は同じであった。しかし、一方は政府のメカニズムとの関与を極力減らし、一方は関与を強めたわけで、この違いがここでの論点であった。

2つ目は、小農の生活向上よりも、農業生産性の向上に重点を置くことがより政策に合致するのではないかという指摘である。ザンビア政府はその政策の中で、食糧安全保障や栄養改善も掲げてはいたが、「農業はビジネスである"Agriculture is Business"」という政策志向が強まっていた。前身プロジェクトの頃と比較しても、とうもろこしの生産量が格段に増えており、農業を取り巻く環境が変わったこともその大きな理由と言える。また、JICA本部からも、農村開発や組織開発といったプロジェクトは今のJICA支援プロジェクトではほとんど存在せず、現在は1つの作物に特化した農業生産性向上を目標としたプロジェクト

（普及プロジェクトを含む）が中心になっていると指摘された。

二国間協力の意義

プロジェクトの終了に向けてＪＩＣＡ関係者の間では、今後、ＪＩＣＡはザンビア農業畜産省と一緒に仕事をするのかどうかということが、次期案件形成の検討の是非も含めて議論された。コメの普及であれば、効率を重視した民間組織の活用を取るのか、非効率を前提に農業畜産省の普及サービス（あるいは研究機関）を協力対象とするのか、というアプローチの違いである。プロジェクトの案件形成時に戻って考えると、モデルとして前身案件で確立されたマイクロプロジェクトの展開は、農民の直接裨益を優先すれば、ＮＧＯや他の援助機関と連携して進めるアプローチの方がより効率性があがる可能性が高いアプローチであったと言えるかもしれない。

これは次の論点とも重なるが、効率性の観点から言えば、農業畜産省の普及サービス（あるいは研究機関）以外を対象とすることも選択肢として検討されるべきであるし、現状を鑑みると、それがより効率的である可能性が高いのは事実だったかもしれない。もちろん、日本とザンビアの二国間協力として相手政府（ザンビア農業畜産省）を対象とすることが前提条件であれば、この点についての議論をする必要はなく、たとえ非効率であってもこのプロジェクトのようなアプローチをとるべきということになるかもしれない。私たちのプロジェクト同様に、農業畜産省内で実施した欧州連合のプロジェクトにおいても、〃技術協力(Technical Cooperation)〃は個人・組織のキャパシティディベロップメントのための事業と定義しており、同プロジェクトもわれわれのプロジェクトも、農業畜産省のスタッフそして組織の能力向上を目指していたのである。

公共普及サービスの意義

次に、プロジェクトのアプローチを、「公共の普及サービス」の意義から整理したい。「公共の普及サービス」は無償で提供される行政サービスであるため、特定の農民だけが受益することは望ましくないと定義し、幅広い農民へのサービス提供を向上させるべく、プロジェクトはザンビア農業畜産省の普及サービス全体の能力強化を目指した。民間の普及サービスは顧客を選べるが、公共の普及サービスは顧客を選べないということがプロジェクトの前提にある。特に、なかなか「ビジネス」として農業を展開できず、世帯・地域社会の食糧安全保障が重要課題であり、市場へのアクセスが限られた貧困小農への支援をどのようにするかは、公共行政サービスとしての普及サービスにおいてとても重要なことであるとプロジェクトでは考えた。

農業生産性の向上が進行することにより、マーケットアクセスの良い地域は農業を通じた発展が期待できる一方で、孤立地域のように大規模で効率的な生産が行えない地域、あるいはマーケットへのアクセスが困難な地域では、そのような市場経済から取り残されるかあるいは限られた非常に小さな市場での経済活動にしか可能性がない。

一方で、このように効率的な農業を行うことができない人々へのサービスを中心にした普及事業は、具体的な成果（生産／生産性、売り上げの向上等）とのジレンマを抱えている。「農業プロジェクト」として、限られた時間と予算で生産性を求めれば、よりできる人や地域を対象に実施したほうが定量的な成果は出しやすいかもしれない。しかし、もともと公共サービスとしての普及サービス全体の向上では、そうではない人々も多く対象にしているため、そこには非効率が生じるわけである。もちろん、公共サービスであるからと言って、効率性をないがしろにすべきではない。公共サービスとしてのターゲットと目的は明確にすべきだと考え、プロジェクトは、「農業はビジネスである」という流れに取り残された農民を放置しないための政策提言でもあった。

一方、JICAとしてのプロジェクトの妥当性は、弱者支援か農業生産性の向上か、どちらがよりJICAの援助方針にかなっているか次第であると言える。民間セクター支援や、日本の国益が全面に押し出すことも少なくない、現在のJICAの方針からは、プロジェクトのような公共機関による弱者支援のための組織作りというテーマは「古い」ものになってしまったのかもしれない。実際に、JICA本部の関係者からは、「農村開発」は古いものであり、これからは成果のわかりやすい「農業開発」にシフトしていくべきであるとの意見も多く聞かれた。しかし、最近ではポストミレニアム開発目標（Millenium Development Goals/MDGs）の議論も始まり、再度、貧困層支援（貧困削減）の方向にシフトしていく可能性もある。そもそも生産性か弱者支援かという議論は、どちらが正しいかというものではない。時代の流れと議論のテーマで、このような異なる意見が議論されるようになってきている。

JICAのビジョンは「すべての人々が恩恵を受ける、ダイナミックな開発をすすめます」であり、その使命の1つに「公正な成長と貧困削減」をあげている。また2011年3月策定の「課題別指針：農業開発・農村開発」では、「地理的条件による異なる農業開発の視点」で5つの視点に分類し、それぞれの視点からの政策オプションに基づいた協力の方向性が述べられている。「条件不利地域」には小農貧困層も多く、同地域への支援も含めたJICAの協力を継続すべきであるとされている。

ザンビアの貧困削減傾向でもそうであるが、昨今アフリカ諸国を中心に途上国のマクロ経済の著しい経済成長が注目される一方で、貧富の格差が広がっているという懸念の声もある。それ故に、公共サービスとしての貧困小農層支援のための普及サービスは重要であり、ザンビア政府も賛否の議論がある中、普及員数の拡充を重点政策の1つとしてあげている。そして彼らのキャパシティビルディングと、組織としての農業畜産省全体の普及サービスマネジメント改善への寄与を目指したのがプロジェクトであった。

プロジェクト実施中の2012年3月には、アフリカでの農業・農村開発分野でのJICAの技術協力のあり方に関し、東南部アフリカ諸国で実施されていた同様な技術協力案件の関係者に、それぞれのプロジェクトの概要と考えを共有いただく会合をザンビアで開催した。この会合には、JICA本部からもテレビ会議施設を活用して農村開発部関係者に参加いただいた。また、アフリカの農村・農業開発、JICAの技術協力に詳しいアジア経済研究所の佐藤寛氏、名古屋大学大学院国際開発研究科教授（現　龍谷大学経済学部教授）西川芳昭先生にもザンビアにお越しいただき、アフリカにおける日本の農業・農村開発分野における技術協力のあり方について率直な意見交換と経験共有の場を持った。さらにザンビア農業畜産省や、農業・農村開発分野でプロジェクトを展開する他開発パートナー関係者ともＪＩＣＡの技術協力について議論の場を設けた。この会合での議論の要点と、その後の両先生の同会議に関する対談は巻末資料をご参照いただければと思うが、ＪＩＣＡ（日本）がアフリカにおける貧困削減を目指して実施する農業・農村開発分野での「技術協力」のあり方と現地人材育成についての一考を記したものである。

第17章　ザンビア（アフリカ）での農業・農村開発次期案件形成に向けて

案件形成における教訓

前身案件の参加型プロジェクトから続くプロジェクトとして、普及サービスの基盤構築を目指した農村振興能力向上プロジェクトの経験から、次期案件形成に向けての教訓を抽出したい。

まず、農業セクター全体も含めて最近のプロジェクト形成の動向をみると、ＪＩＣＡのもう1つの案件である「コメを中心とした作物栽培多様性推進プロジェクト（FoDiS-R）」でも明らかになったのは、農業試験場（Zambia Agriculture Research Institute/ZARI）にプロジェクトの拠点を置くと普及は管轄外であるため、直接的な面的展開（普及との連携）は難しいということである。また「小規模農民のための灌漑開発プロジェクト（T-COBSI）」案件開始時には、農業畜産省の灌漑開発方針が、大規模灌漑開発と灌漑面積の早急な拡充であったために、小農ベースの小さな簡易灌漑施設の振興と農民による持続的なマネジメントを主要アプローチとした同プロジェクトは、農業畜産省幹部から反対されるというトラブルが発生した。これらの教訓から言えることは、たとえプロジェクトのコンテンツが現場にとって望ましいものであっても、農業畜産省の主要政策に合致しなければプロジェクトそのものの成立が難しいことである。そしてプロジェクトで明らかになったのは、農業畜産省の中で仕事をするには、組織のキャパシティの問題から、どのようなプロジェクトであれ非効率で時間がかかるということである。ＪＩＣＡは、ザンビアで稲作普及に焦点を当てたプロジェクトを開始しているが、これまでの農業畜産省での技術協力の教訓を十分に考慮し、先方の理解とオーナーシップを深めて、プロジェクトが実施されることが望まれる。

オーナーシップにおける教訓

プロジェクトの最初の3年間は、当時の農業局長のプロジェクトへの考え方や姿勢に大きく影響を受けたと言っても過言ではない。当時の局長は、前述のとおり、もう1つのＪＩＣＡ協力案件の実施においても、ＪＩＣＡとの案件実施合意後に活動範囲の変更を強引に要求した。プロジェクトの詳細計画調査団来訪時は、前身プロジェクトに関わってきた当時の副局長と一部のスタッフが中心となって最終的に案件の内容を決定することができたが、当時、「問題となりがちな局長」の早急な同意の取り付けの必要性が課題として残ったままプロジェクトが開始されていた。そのような背景から同局長は、プロジェクト中間評価時でも調査団長に、「マイクロプロジェクトばかりのプロジェクト活動」との誤認識から、農業局の他の大きな課題へもっと協力すべきとの厳しいコメントをだす状況であった。

組織（農業局）のトップがこうした誤認識をしている状況で、農業局のキャパシティ・ディベロップメント（Capacity Development：CD）を通して普及サービス組織・システムの包括的な改善・強化を行おうとするのは大きなチャレンジであった。そもそも組織の改革やマネジメントの改善・強化は、その組織のトップからスタッフまで、すべての関係者が組織・マネジメントの欠点を公に認めて、改革・改善の必要性を十分認識して始まるものである。そのためプロジェクトの場合は、農業局の重要課題の一部にも取り組み、協力することにより、同局長のプロジェクトへの理解を深めてもらうように活動を進めた。

また、「援助協調・効果」の観点から、「オーナーシップ」に関しプロジェクトの教訓を共有したい。「オーナーシップ」の問題は、ドナープロジェクトの乱立が開発援助政策の中で議論され「援助協調・効果」を重要視するようになってから久しい。ザンビア全体では、合同援助戦略（Joint Assistance Strategy of Zambia（JASZ））が策定され、ドナー援助をザンビア政府の重要課題に整合させること、ドナー間の連携・協調が強調されている。農業セクターではどうであろうか。ザンビア政府は、国家農業投資計画（ＮＡＩＰ）を策定し、この計画における資金不足への開発パートナーの支援を求めている。一方で、ドナーが支援するプロジェクトは、それぞれの優先課題、援助手法に基づいた「プロジェクト」ベースの案件形成・実施も少なくない。また、農業インフラ拡充ニーズにおける資金不足から、本来の技術協力事業が目指す「人材・組織育成の為のキャパシティ・ディベロップメント」への視点・理解の欠如が伺え、ＪＩＣＡの技術協力プロジェクト活動・目的を自分自身の課題と捉え、自主的に取り組む意識が薄い場合もあった。

プロジェクトデザインの考え方

またプロジェクトデザインにおいて教訓として抽出したい点は、対象地域とカウンターパートに関する考え方である。私たちのプロジェクトのように全国展開を視野に入れると、プロジェクト対象地域という考え方自体が意味をなさなくなってきたことは、これまで述べてきたとおりである。

マスタートレーナーなど全国区から発掘された人材が普及サービスの構築に大きく貢献してきたことからも、特に慢性的な人材不足である農業局においては、対象地域を限定することは、逆に人材発掘とトレードオフになりやすい。実際、プロジェクト活動の全国展開において、州や郡の管理職や担当者の良し悪しは、物事の進み具合に大きく影響する。そのため、次期案件において面的展開を狙う場合は、可能な限りプロジェクト対象は全国に広げておいたほうが、有望なカウンターパート人材確保・発掘の面では有用であろう。

また農業局職員の職務内容と人員体制からもわかるように、特定の作物のみを担当する職員は存在しない。農作物課であれば、園芸、作物、果樹といった分類となっているため、稲作だけに絞った場合、稲作だけのフルタイムのカウンターパートを確保するというのは現行制度上、不可能である。普及員にとってマイクロプロジェクトの実施・運営が唯一の仕事でなかったように、郡職員、州職員においても彼らの全体的な業務内容とプロジェクト活動を一致させていくことが、〝JICAプロジェクト〟ではなく〝農業局のプロジェクト〟とさせるために欠かすことができない視点である。

より効果的な「技術協力／JICA事業」の実施にむけて

上述してきたように、少なくとも農業畜産省におけるJICA技術協力プロジェクト事業の実施においては、これまでにさまざまな経験と教訓が蓄積されている。先方政府が十分にJICA技術協力事業の目的・趣旨を理解した上で、主体的に実施していくには左の点に留意する必要がある。

(1) 技術協力事業の理解促進

農業畜産省における開発パートナーの「プロジェクト」実施体制は、前述のとおり「Project Management Unit/PMU」のような農業畜産省組織とは別の実施体制を設けている場合が多い。また、開発パートナーの事業実施への関与は、資金とコンサルタント雇用による「プロジェクト」としての実施である。本来、農業畜産省人材および組織が主体で実施するべきところを、代替的に「ドナープロジェクト」がすべてを実施しており、農業畜産省関係者の開発パートナーの役割への理解は、むしろこの代替的な事業者としての理解である。したがって、JICAは、人材・組織育成のための技術協力プロジェクト事業であることを徹底して周知する必要がある。

(2) 農業畜産省関係者の幅広いコンサルテーションと案件に関するコンセンサス形成

事業実施前のプロジェクト案件要請、詳細計画の段階で、農業セクター／サブセクター重要課題と他開発パートナーの動向を十分理解し、次官・局長級を含めた関係者との徹底した協議を通して案件形成をしていく必要がある。一部の理解者のみで案件形成・実施に至った場合、農業セクター／サブセクターにおける重点分野との合致に関する理解の齟齬が残り、実施段階での彼等の自主的な取り組みの姿勢が低くなるのは必至であり避けるべきである。

(3) 異なるスキームとの連携と複数小規模案件形成の回避

他開発パートナー支援の大型案件が多い中で、JICAの農業セクター支援は必ずしも金額的に大きいわけではない。小さい全体予算の中での複数の技術協力プロジェクト案件の実施は、農業畜産省にとってもJICAにとってもマネジメントコストが高くなるので避けるべきである。したがって、できる限りテーマ・分野を絞った案件形成・実施、有償・無償スキームを含めた異なるスキームも動員した「オールジャパン」の案件形成と、農業畜産省の組織活動としてカウンターパートスタッフによる案件形成・実施への一連の関与体制が望まれる。

＜資料＞東南部アフリカ諸国農村開発協力会議要約

会議開催の目的

国際協力機構（ＪＩＣＡ）は、農業・農村開発協力分野で、（１）持続可能な農業生産、（２）安定食糧供給、（３）活力ある農村の振興、の３つをその開発協力目標に掲げている（２０１１年３月「課題別指針：農業・農村開発」）。そして、東南部アフリカ地域の農村（村落）開発については、２００６年３月に、東南部アフリカ地域支援事務所（当時）が、「東南部アフリカの村落開発―理論と実践―」を刊行し、東南部アフリカ諸国における農村（村落）開発の理想像と、あるべき協力事業の接近法の提示を試みている。今回の会議は、東南部アフリカ諸国における小農支援の農業・農村開発支援協力プロジェクトの成果・教訓をともに振り返り、今後のＪＩＣＡの同分野での技術協力事業のあり方を現場から考える機会を持つべく２０１１年３月に開催された。また、他開発パートナー、ザンビア政府関係者、ＮＧＯともＪＩＣＡの技術協力の事例を共有し、ＪＩＣＡの農業・農村開発分野での技術協力への理解を一層深めてもらうようにした。会議には幸い、日本国際開発学会会長（アジア経済研究所研修室長（当時））佐藤寛氏、および名古屋大学大学院国際開発研究科西川芳昭教授（当時）から、会議開催意義と目的にご賛同をいただき、ご支援・出席いただいた。また、東南部アフリカ諸国５カ国のプロジェクトおよび英国事務所長を含めた在外事務所関係者の出席（テレビ会議参加を含む）の下、開催された。

各国事例の特徴

今回の会議では、ザンビア（農村振興能力向上プロジェクト）、エチオピア（農民研究グループを通じた適正技術開発・普及プロジェクト）、ケニア（小規模園芸農民組織化ユニットプロジェクト）、マラウイ（シレ川中流域における村落振興・森林復旧プロジェクト）、タンザニア（地方自治強化のための参加型計画策定とコミュニティー開発プロジェクト）の５事例を、それぞれのプロジェクト専門家および事務所員から発表いただいた。また、英国事務所長にテレビ会議で参加いただき、同事務所が取り組んでおられる「日本の開発協力」の特徴の分析と情報発信について会議参加者と共有いただいた。アジアにおいて、ＪＩＣＡの参加型農村開発協力事業の長い歴史があるバングラデシュからも、「参加型農村開発プロジェクト」専門家に参加いただき、プロジェクトの概要とその成果・教訓を共有いただいた。

（1）『ザンビア農村振興能力向上プロジェクト』

ザンビアの農村振興能力向上プロジェクト（RESCAP）は、専門家が現場で農民・普及員と一緒に、資金（シードマネー）を農村に直接投入して実施してきた参加型持続的農村開発プロジェクト（PaSVID）から、シードマネー（外部資源）だけでなく、地元の資源も活用した持続的な農村開発を目指した孤立地域参加型農村開発プロジェクト（PaViDIA）に進化した。さらに技術協力案件として、ザンビア農業畜産省の普及サービス向上のために、現場の農民、普及員だけでなく、農業畜産省の郡事務所、州事務所、そして本省も含めた包括的な普及サービス組織強化と人材育成を目指すプロジェクトに進化・発展してきたものである。この流れの中で、ザンビアの事例の特徴として抽出できる要点は下記のとおりである。

①　参加型持続的村落開発からプロジェクトへの技術協力案件としての流れは、それぞれ

の案件を実施していく「プロセス」の中で得られた教訓・課題をベースに、上述のとおり新たな課題とアプローチに変遷してきている。

② 参加型持続的村落開発時代の20村から、現在のプロジェクトでは500村での農村開発を目指す面的展開になっており、孤立地域参加型村落開発を農業畜産省の参加型普及アプローチの枠組みの中に明確に位置づけ、そのプロセスも簡素化し、参加型普及アプローチ孤立地域参加型村落開発として展開している。さらにシードマネーの有無にかかわらず、普及制度全体の強化への貢献と人材育成を目指した全国的なインパクトを踏まえた案件になってきている。

③ 農民・普及員等の個人と、農村、郡事務所、州事務所、本省といった「地域農村社会」と「行政組織」を包括的に扱った案件に変遷してきており、活動範囲が広範囲にわたっているため、「プロジェクト」としての明確な整理が複雑化している。

（2）『エチオピア農民研究グループを通じた農村の技術革新の促進：FRGプロジェクトからの教訓と課題』

エチオピアの農民研究グループ（FRG）プロジェクトは、具体的な成果を農民・農村レベルでなかなか上げられない農業研究所の研究システムを、農民グループを通じた参加型研究アプローチを導入し、制度化をしている。これは、受益者である農民が研究プロセスのすべて、研究アプローチを含めその意思決定に積極的に参加するもので、農民の広範囲の関心やニーズに応えながら研究が進められる。この参加型アプローチの有効性は多くの農業研究者の関心を集めた。ＪＩＣＡは、２００４年から２００９年までオロミア州で多くの研究員・普及員・農民が参加したプロジェクトにおいて、40の研究課題にこのアプローチで取り組み成果をあげ、世銀・カナダ支援の農村振興プロジェクトでも採用された。現在は、全国の農業研究機関を対象に同アプローチを展開している。このような新しい研究アプローチの全国的な展開と農業の改善を、農村・農民レベルで具現化することが可能となった要因は、以下のように考えられる。

① ＦＲＧアプローチは、研究員が普及員、農民および他パートナーと協働で、農民のニーズに基づいて農家圃場で試験を実施するものである。地域の条件に合わせて在来・外来の技術等が改善され、農民の裨益に直結しているため、地域にそのまま定着できる。

② 農民は、複雑・多様・高リスクな環境の中で農業に携わっている。彼らのニーズと現

状に基づいた適切な技術投入を、農民の現場で実施するので、具体的な成果を可能にする。

③ 一般的に研究は、大学等の研究機関が積極的な活動と関心を示す。研究・普及・農民連携を基盤にした持続的な農村開発のイノベーションを確立するためには、普及員や農民への技術情報提供を任とする公的な研究機関の変化と改善が欠かせないので、公的研究機関スタッフを巻き込んだ組織的な強化を可能にしている。

（3）『ケニア国　小規模園芸農民組織強化・振興ユニットプロジェクト』

ケニアの小規模園芸農民組織強化・振興ユニットプロジェクト（SHEP-UP）は、２００６年から３年間実施した「小規模園芸農民組織強化プロジェクト（ＳＨＥＰ）」の後継案件として実施されている。前任プロジェクトは、ケニア４郡の１２２の園芸農民グループを支援し、対象グループの所得は３１６米ドルから６５４米ドルと倍増した。

この成功を受けて、前任プロジェクトモデルを他地域に展開すべく、後継案件が２０１０年から始まった。２年間でそれぞれ2州、各州10郡の農民園芸グループを対象にアプローチを拡充しており、最終的には８００のモデル農民グループを支援・強化しながら、農民の所得向上を目指している。このプロジェクトの成功要因として以下のアプローチがあげられる。

①　栽培技術を中心に、作ることばかりに集中して技術指導を行いマーケットを探す「作って売る」という考え／アプローチから、最初からマーケットを認識・把握した市場志向の「売るために作る」という考えを徹底している。

②　上記、市場志向アプローチの中で、農民グループと普及員へのさまざまな研修を実施。ジェンダーバランスを重視しながら、農民グループの市場知識と技術の向上を通した所得向上を実現した。

③　プロジェクト実施郡の選定に関し、中央本省が決めるのではなく、郡の自発的な参加を促進するために、プロジェクト（ＳＨＥＰ）をやりたい郡の参加を奨励すべくプロポーザル方式を導入した。

④　対象となる農民グループは、既存のやる気のある農民グループで、構成人数、ジェンダーバランス、市場へのアクセスビリティ等を基準に郡が選定し、農民グループの能力強化研修を実践的に提供した。

⑤　ケニア政府農業省園芸作物課内にユニットが設置され、専属のスタッフが配置される

と共に、ケニア農業省からの予算措置も毎年漸増する同意が得られており、事業の継続性が確保されている。

（4）マラウイ国『シレ川中流域における村落振興・森林復旧プロジェクト』

シレ川中流域の森林資源は、人口増加に伴う急激な薪の採取と畑作地の拡大により激減し、土地の保水能力や地力も低下し、農業生産性の減少、流出土砂の河床への堆積による水力発電所の発電能力低下等、広範囲な悪影響を及ぼすに至っていた。このため、同地域の森林資源保全のための協力要請がマラウイ政府から出され、JICAは2000年に開発調査でマスタープランを作成した。住民参加による収入創出活動と植林活動を合わせた手法がパイロット地域で実施され、一定の成果が確認されたため、同手法のシレ川中流域での拡大展開を目指したプロジェクト（COVAMS）が実施された。

プロジェクトは、当初、統合的村落研修アプローチ（IVTA）という、セネガルの森林保全プロジェクトで考案されたアプローチをベースに作成した研修アプローチを活用している。これは、「住民ニーズにこたえる」「現地の講師および資源を活用」「住民が実施」「誰でも参加可能」「多くの住民の参加」を基本にしている。当初、7村でこのアプローチを活用した研修が実施されたが、多大なコストと時間がかかることから、集水地域保全にテーマを絞った特定村落研修アプローチ（SVTA）に軽量化・改善を図った。41村で農業省のリードファーマー（LF）制度を導入し、リードファーマーが講師となって研修が実施された。

このプロジェクトのアプローチの特徴は、活動対象をターゲットグループに絞ったり、選定された人々、グループだけにするのではなく、基本的に地域の全村民を対象にして男女の区別なく研修を実施している点である。また、研修後に一部のグループのみに資金提供したりすることはせず、全員が取り込まれるように支援するが、活動単位は基本的に個人になっている。

また、現地の人材をリードファシリテーターとして最大限活用し、研修を確実に実施させる方法をとっている。2008年には45件（裨益農民606人）しかできなかった年間研修数は、2011年には4、999件（裨益農民33、583人）まで飛躍的に増大し、面的展開を可能にしている。リードファシリテーターの活用については、セクター枠に捕らわれず、農業普及員にも森林保全の知識・技術を習得してもらいながら、活動支援を行ってもらっている。研修で紹介された等高線栽培の実践による生産性の向上は、大きな裨益として歓迎され、同時に流出土砂の軽減にもつながっている。

このプロジェクトの面的展開の成功要因として、下記が考えられる。

① 特定グループや個人の支援ではなく、地域社会／村の全員を基本的に対象にしながら研修を実施することにより、多くの村民が活動に参画することを可能にしている。

② 現地資源の有効活用を重視し、政府職員ではなく現地の講師を育成し研修を実施することにより、より効果的／持続的な面的展開を可能にしている。

③ 活動自体は個人ベースで行っている。村民の組織化をプロジェクトで意識しているわけではないが、「できるだけ多くの村民が参加」するべく村単位で研修を実施しており、村人同士の組織化への意思決定の中でグループが形成される場／機会を提供している。

（5）タンザニア国『地方のグッドガバナンスのための参加型計画およびコミュニティー開発サイクルの強化にかかる技術協力』

タンザニアの参加型計画およびコミュニティ開発プロジェクトは、タンザニア政府の地方分権化政策の流れの中で策定された住民参加型開発プロセス（Opportunities and Obstacles to Development/O&OD）が全国で展開される一方で、そのプロセスが住民および地方自治体の参加を十分に引き出していない状況が多く見られたため、これを改善すべく始まったプロジェクトである。

このプロジェクトでは、（1）郡（Ward）のファシリテーターの機能強化、（2）村より小さな集落レベル（Kitongoli：コミュニティ）での機能的グループの強化を重視しており、ファシリテーターの育成には、参加型地域社会開発の概念を用いている。これは、現地の社会システムや固有の資源などに着目して、経験に基づいた学びを促しながら、地域社会の自己組織力を強化し、自立的・持続的な開発を目指す参加型開発プロセスである。

プロジェクトでは、2州の5つの地方自治体でそれぞれ2村ずつ、計10村でファシリテーターの機能強化研修と村の自己組織力強化を通した、参加型開発プロセスの確立を目指した。その結果、異なるセクターの郡レベルのファシリテーター（WF）の協働体制や地域住民とファシリテーターの信頼関係の構築、地域（コミュニティ）住民が自発的に地域資源を動員した開発行動などが見られるようになった。課題としては、住民からのニーズを郡の開発計画やさまざまな開発予算に組み込んでいくメカニズムを、どのように構築していくかである。

将来的には、対象地域で構築されたモデルを全国展開（他地域への応用）できるように、普及可能な複製可能なモデルに発展再形成していく予定である。タンザニア政府の地方政府改革プログラムの中に明確に位置づけられたアプローチとなるべく、中央官庁レベルで政策およびタンザニア政府の地方政府改革プログラムに反映させていく予定である。

このプロジェクトの特徴と成果の要因として、下記があげられる。

① 農村／地域社会の自発的・持続的な開発を目指した参加型地域社会開発手法を用いて、行政村ではなく、伝統地域社会の自己組織・開発能力強化と、この開発プロセスを支援する行政末端組織としてのファシリテーターの育成強化を目指している。

② JICAのプロジェクトは、試験的にある地域（州・郡）をベースに活動を実施し成果をある程度出すが、なかなか本省レベルの政策に反映されるに至らないケースが散見される。その為プロジェクト開始当初から、本省の政策に組み込んでいくことを意識した本省レベルでの活動も組み込んでいる。

（6）JICAイギリス事務所『日本の開発協力における知識の共創と現地化』

英国事務所長からの発表は、プロジェクト事例ではないが、一般的に農村・農業開発分野での日本の技術協力は、欧米ドナーの持たない有益な知見を有しているといわれながら、十分に国際社会に共有されていないという指摘をした。また日本の技術協力に関する考察として対外的な情報発信を試みられている。以下、その概要を記す。

欧米ドナー・国際機関は、１９９０年代後半から、これまでの技術協力に関するレビュー・評価を行った。世銀の評価調査（１９９６年）では「技術協力の効果は（特にサブサハラアフリカ諸国において）低かった」と結論し、欧米ドナーも技術協力の有効性や効率性に疑問を投げかけ、それぞれ技術協力への関与を縮小する方針に転換していった。

一方で日本は技術協力プロジェクトを継続しているが、そもそも日本と欧米ドナーの技術協力に関する思想と構造の違いがある。日本の技術協力の特徴として、「カウンターパートとの協働、自助努力の重視等」があげられるが、プロジェクト実施ユニットを設け、すべてを丸抱えで実施する欧米ドナーのアプローチとは対照的である。また、技術協力を通したカウンターパート人材・組織のキャパシティ強化は、単純な投入では到達できず、試行錯誤の中で身につくものであるとの調査報告が多数出されている。さらに、知識の移転について、全世界に共通で適用可能な「技術的アプローチ」と、有効な知識は個々の暗黙（Tacit）な知識とする「社会的アプローチ」がある。人材や組織強化においては、「実施を通じて学ぶ」というプロセスを重視する後者のアプローチが有効であるとされ、同分野での技術協力を難しくしている要因とされる。したがって、技術協力は、どこかで作られた成功事例手法がそのまま導入されるのではなく、より時間と労力のかかる知識の現地化と創造プロセスと言える。

農業・農村開発においても、欧米では技術協力プロジェクトの非効率性が指摘されて農業分野への支援が減少してきたが、これは農民の能力を超えた過度な投資も一因との指摘がある。日本の農業技術協力は、現場レベルでの小農を対象とした、参加型・小規模適正技術協力タイプの案件が多い。専門家が持つ知識・技術を、カウンターパートや農民と協働する活動を通して、彼らの持つ暗黙知と融合しつつ形式知化し、実践と見直しを繰り返して知識の現地化を図っていくというアプローチを取っていることが、日本の技術協力の特徴と有効性と言える。

(7) バングラデシュ『参加型農村開発プロジェクト(PRDP)』

バングラデシュの「参加型農村開発プロジェクト」は、未発達な地方行政の中、住民の要望を行政側が吸い上げる仕組みが機能していない状況を改善すべく、1980年代から始まった研究協力を機に、行政と住民および行政サービス間を結びつける「リンクモデル」を構築してきた。

このモデルは、2000年から3年間実施された参加型農村開発プロジェクトによって、タンガイル県の一郡の4つのユニオン（最小行政単位組織）で導入された。村落住民のニーズに合った普及サービスを効率的に実施できることが証明されたため、参加型農村開発プロジェクトフェーズⅡが2005年から5年間行われ、バングラデシュの3県の16ユニオンでリンクモデルが導入された。リンクモデルは、村落委員会（VC）、ユニオン開発調整委員会（UDCC）、ユニオン開発官（UDO）の3要素からなっているが、バングラデシュ政府による他地域への拡充（200ユニオン）が展開されており、村落委員会は農村開発事業において約2,000ユニオンに委員会が導入されている。

しかしながら、全国展開を目指す中で、リンクモデルの3要素は必ずしもバングラデシュの既存制度に存在しない「プロジェクト限定のセットアップ」であった。そのため、できる限り同国の制度として定着するように、3つの要素の部分的な普及制度化を目指すことし、ユニオン開発調整委員会の設置を地方行政農村開発協同組合省地方行政局（LGD）の通達として全国に制度化された。全国での制度定着には、バングラデシュ政府と開発パートナー団体で形成するユニオン評議会（UC）人材育成プログラム（Horizontal Learning

Programme/HLP）がUCの相互学習の場を提供しており、ユニオン開発調整委員会の全国への普及・定着に大きく貢献している。

参加型農村開発プロジェクト（リンクモデル）の成功要因と特徴として、下記があげられる。

① 村落レベルで末端の行政機関（Union）と住民の開発ニーズの対話を構築できる村落委員会を設け、セクター横断の開発ニーズの抽出・優先付けが実施できるようになった。

② プロジェクトが対象地域での展開中に3つの要素からなる「リンクモデル」を構築した後、他地域への展開を拡充する際に、モデルがプロジェクト固有のモデルであり、バングラデシュ政府関係省庁の組織・制度体制に必ずしも合致しない点を考慮し、現状の体制の中に組み込める要素をユニオン開発調整委員会のみに絞って、他地域への展開を実現していった。

③ 全国展開していく上で、バングラデシュ政府関係官庁・機関の本省レベルの業務の中（例：地方行政官研修）で、プロジェクト活動を明確に位置づけた。

④ 全国展開をプロジェクト単独で目指すのではなく、先方政府主体で実施することを当

初から念頭におき、そのための資金確保と他パートナーとの連携・協力体制構築を、プロジェクトの活動に明確に組み込んで展開している。

各国事例から見る農村開発技術協力プロジェクトの成功要因・課題と共通／相違点

上述の東南部アフリカ諸国からの5事例およびアジア事例1件のプロジェクト活動は、それぞれのプロジェクトが相手とする先方政府の関連セクター官庁・機関、目指す目的・成果やアプローチが多様である。しかしながら、どの案件も今回の会議のテーマである「農村開発」（＝農民・村民の社会的・経済的向上と貧困からの脱却）を、ＪＩＣＡの技術協力を通して、最終的には直接的・間接的に目指していると言える。

これらの事例と英国事務所の発表から、（1）農村開発における参加型開発を通した小農の組織化という観点と、（2）相手国政府機関の人材・組織／制度の改善・強化における「ＪＩＣＡ（日本）の技術協力」アプローチの特徴という視点から、共通点／異なる点を整理したい。

（1）農村開発における参加型開発を通した小農組織化

本報告の冒頭で述べたとおり、ＪＩＣＡはその農業開発・農村開発分野における協力目標の1つとして、「活力ある農村の振興」をあげている。この目標を達成するには、広く対象地域の農民／村民が、ＪＩＣＡの技術協力を通して最終的に裨益することが望まれるが、そのための仕掛けとして、事例を通して下記の特徴があげられる。

①　伝統的な農村社会をベースとした農民による主体的な開発メカニズムの構築を通した農村社会の能力向上

今回の各国の事例発表に共通して言えることは、まず、農民／地域住民の主体的な参画が、村／伝統的な地域社会で、ニーズの発掘から開発活動の実施まで持続的に行われていくメカニズムを構築しようとしている点である。また、その構築を通して、農民／地域住民自身の開発課題への対応能力を強化していくことが目指されていると言える。

②　小農民組織強化

また、ザンビア、タンザニア、バングラデシュの事例では、「農村／地域社会」を単位に、小農民／村民のグループ化／組織化に基づいた、小農民たちの開発行動の協働作業が推奨され、小農民の組織化とグループの能力強化が図られている。エチオピアやマラウイの案件では、直接、小農民の組織化・強化に焦点をあててはいないが、結果として小農グループが形成されたり、農民グループの派生活動が展開されている。またケニアの案件では、新たな小農グループを形成するのではなく、既存のある程度の組織活動経験とキャパを有する小農グループを対象に、そのグループおよびメンバーのさらなるキャパシティ・ビルディングを図って、小農支援を行っている。こうした小農グループは、必ずしもいわゆる「農村」や「地域社会」をベースにグループ形成されない、共通の関心を持ったグループや農業共通の生産物のグループを原点に形成される場合も少なくない。

しかし、こうした小農グループやメンバー（個人）を通した支援は、時には農村／地域社会のやる気／関心のあるメンバーと組織のみが裨益し、参加したくてもできない／しない（特に女性）小農に裨益せず、農村／地域社会内の格差を助長する場合やリスクもある。そうした小農／女性も積極的に参画できるよう、メカニズムを構築していくことが重要である。

③　地域資源の動員・活用

①に関連するが、タンザニアやザンビア、エチオピアの事例では、農民や農村／地域社会に蓄積されてきた地元の知識や経験、地域に存在し有効活用できる資源を動員している。これは、単に外部からの資源供与（たとえば資金、新しい技術、施設・機材）だけで持続的な開発が必ずしも可能になるのではなく、地元の資源を有効活用することによって、地域に根ざした新しい技術や知識が形成されていくことを可能にしている。

（2）ＪＩＣＡ（日本）の技術協力アプローチの特徴

①　現場主義

まず、ＪＩＣＡ（日本）の技術協力アプローチは、「現場主義」に徹底していることがあげられれる。農村開発のための政策やアプローチについて本省レベルで机上の議論をするだけではなく、そうした議論の土台となる確かな要素を、現場の活動を通して作り上げていく協力である。今回の事例もすべて、農民／村民や末端の行政機関のオフィサーの活動を支援する現場が活動の原点となっている。

② パイロットモデル構築から全国普及モデル構築へ（プロセスを通したカイゼンアプローチ）

今回の事例のすべてに共通して言えることがもう1つある。それはプロジェクト当初は、モデルの構築にかなりの時間と労力を、非常に限られた対象地域と農民／地域住民を対象に費やすことである。そして、他地域、全国でも普及できる複製可能なモデルをオリジナルのモデルを改善しながら策定し、対象地域を拡大していく「プロセスを通したカイゼンアプローチ」である。全国展開にまで実践的に進化できたアプローチ事例は少ないかもしれないが、「点」から「線」、そして「面的展開」をすべく先方政府の全国制度の仕組みにならない限り、事業の持続性は非常に薄くなってしまう。

ただし、こうした全国展開を可能にしていくために、上述の「現場」での教訓・成果をベースに試行錯誤のプロセスの中で、原型モデルが全国で汎用性のある簡素化された改良モデルにカイゼンされていく必要があることが、今回の複数の事例からわかる（ザンビア、バングラデシュ等）。一方で、こうしたモデル構築に要する時間と予算に関しては、非効率との内外からの指摘／批判も少なくなく、モデル構築アプローチの理論武装が必要であるが、残念ながら明確な理論はまだできていない。また、当初からモデルを全国展開することを意識し、先方政府カウンターパート機関の予算的措置も含めたオーナーシップと、他パートナーとの連携体制構築が重要である。

③　協働活動を通した相手国政府の人材育成アプローチ

他ドナー諸国・機関の多くは、プロジェクトマネジメントユニット等を相手国政府官庁・機関の外部に設け、独立してプロジェクト活動を実施する場合が多い。一方、ＪＩＣＡの技術協力は、相手国政府官庁・機関の内部に入って、先方機関のスタッフと「協働」でプロジェクト活動を実施していくという大きな特徴がある。この「協働」のプロセスを通して、前述の「モデル」作りと人材育成が行われるケースが、農村・農業開発案件に限らず、ＪＩＣＡの技術協力案件には多いわけである。これが、英国事務所長の発表にあった、暗黙な知識としてＪＩＣＡ専門家とカウンターパートの間に共創されていくという考え方につながっている。しかしながら、現場の関係者以外の人（本省政策官、ＪＩＣＡ本部、他ドナー関係者等）には、この暗黙な知識共創という考えはなかなか伝わっていないと思料する。

また、この〝現場〟をベースに〝協働〟を通して、相手国政府人材が新しい知識・技術を〝体得〟していく、実践しながら学ぶという実践的な活動が、ＪＩＣＡ（日本）技術協力の特徴の1つであるとも言えるが、これを実際に暗黙な知識として理解する関係者は残念ながら少ないのが現状である。

④ 相手国政府機関のキャパシティビルディングのための、プロジェクト活動の組織内での明確な位置づけ

③に共通する点でもあるが、JICAの技術協力は、基本的に2国間政府の技術協力事業である。その多くが相手国政府官庁・機関の人材と組織能力強化を通して、住民/地域社会自身の能力強化、行政デリバリーの改善を図り、農民/地域住民の社会的・経済的な貧困からの脱却を可能にしようとするものである。

しかしながら、前述のモデル作りが特定の地域や組織条件下でのモデル作り事業に終わってしまい、相手国政府組織・機関の重要事業の中に明確に位置づけられず、プロジェクト終了と共に技術的・資金的支援がなくなり、事業やアプローチが継続されない事例は枚挙にいとまがない。

その中で、今回の事例が相手国政府の組織・機関の重要な事業の一部として明確に位置づけられ、相手国政府の予算的・人材的投入を明確に確保していること、あるいは確保するこ

とを前提に活動が展開されている事例発表があったのは重要な点である。特にケニアの事例は、農業省内の組織にプロジェクト活動そのものがユニットとして人材・予算も明確に設けられ、全国に展開しようとしている点が非常に重要である。

多くのプロジェクト事例の場合、カウンターパートのフルタイムの確保が難しかったり、組織内の他業務に多忙で、プロジェクト活動が自分の業務の一部という認識を十分に持てずに、なかなか従事してもらえないケースも少なくない。

技術協力を通した人材育成・組織強化を目指す場合、プロジェクト案件形成時にこの点に十分に留意して、案件の目標・活動をデザインしていくことが重要である。

あとがきとしての座談会

ここまでザンビアにおける経験を詳しく紹介してきたが、この内容をもう少し広げて、日本のアフリカ農業への技術協力の特色をより詳しく議論するための座談会を持つことにした。題して、「日本の国際協力の〝日本らしさ〟、その課題と展望―東南部アフリカ農村開発セミナーを振り返りながら―」。時は、2012年12月23日。場所は、名古屋大学国際開発研究科。語り合ったのは佐藤寛（アジア経済研究所 国際開発学会 会長（当時））、西川芳昭（名古屋大学 国際開発研究科 教授（当時）、現 龍谷大学経済学部）、司会を務めたのは三好崇弘（JICA専門家：ザンビア国農村振興能力向上プロジェクトRESCAP）である。

三好　今日は、日本の国際協力について、２０１２年の3月にザンビアで開催されました東南部アフリカ農村開発会議を振り返りながらお話をお伺いします。今日は、このセミナーのファシリテーターをしていただいたアジア経済研究所の佐藤寛先生と名古屋大学国際開発研究科の西川芳昭先生に来ていただいていますので、当時を振り返りながら、そのときの印象や今後のＪＩＣＡの技術協力の展望について、ざっくばらんに議論をしていただきたいと思っております。ご多忙な両先生にとって、どのようなところに意義をみいだされて、ザンビアでの会議に参加していただいたのでしょうか。

国際協力プロフェッショナルが抱える課題

佐藤　ＪＩＣＡの農村開発プロジェクトは、あっちでもこっちでもやっています。アフリカにかぎらず、アジアや南米でもやっているんですね。しかし日頃から思っていることは、お互いに情報共有ができていない、ということです。なぜ情報共有されていないかというと、専門家は「それぞれのプロジェクトのバックグランドが違うんだよ」と言うと思うのですが、そのような状態では、同じような失敗をどこでも繰り返すことになるのではないか。同時に、結構いいことをやっているのに、それも共有されていない。そういう問題意識を常々持っていました。で、そういう情報の共有をするために、東南部アフリカで農村開発プロジェクトを集めて議論してみようという発想は非常に素晴らしいと思ったんです。

西川　佐藤先生と同じですが、現場でやっていることの経験を共有したいという専門家のみなさんの思いがあり、それがザンビアRESCAPプロジェクトを中心として出てきていたということがあります。そもそも現場でやっている人たちが経験を共有する場というものが非常に限られていて、また本部でも（個々人では情報の共有はあるが）なかなかそういう機会がないと思い、その意味で貴重な機会なので参加しました。

援助関係者の〝横のつながり〟と情報共有

三好　お二人の発言の中で、現場での横のつながり、情報共有が少ないということがありましたが、これはアフリカで顕著なことなのでしょうか。アジアではどうなのでしょうか。また縦割りで情報共有しないというのは、公共政府機関で一般的にみられる現象ですが、これもＪＩＣＡに顕著ということなのでしょうか。

佐藤　ＪＩＣＡ一般に当てはまりますが、アジアではバングラであれマレイシアであれ、その国にずっと張り付いているような専門家がいます。特に農村開発の専門家に多いです。彼らはその国の文化や慣習に慣れているので、その慣習に基づく経験が他の国にそのまま移行できるとは思っていません。反対に中南米では、中南米の人材リソースが薄い（専門家の数が少ない）ため、専門家が中南米地域をグルグル回っています。なので中南米の農村開発は、数は少ないが、結構同じようなアプローチをしていることが多いですね。また中南米では地方分権という大きな流れがあるので、それにどう対応していくかという共通のアプローチをとるので、似通ったものになるということがあります。ということで、アジア・アフリカと中南米での情報共有はちょっと違うということは言えると思います。

西川　アジアとの違いは、アジアの場合、プロジェクトの数、予算、専門家の数が非常に多く、層も厚いです。支援の歴史も長く、またインドネシアでの例では、ＪＩＣＡだけではなく農水省もふくめたオールジャパンの体制づくりもされています。その中で意見交換・経験共有をする場というものは、多かったのではないかと思います。アフリカの場合、日本の技術協力の歴史がまだ浅く、また地理的にも日本から遠いということもあり、またアフリカの1つひとつの技術協力プロジェクトはいわば孤立した状態で、試行錯誤しながら実施運営されてきたと思います。つまり、いわゆる官僚主義に陥って情報交換ができていないというよりは、そもそもの投資額・経験が少ないということから、なかなか情報の共有までいっていないという状況なのではないでしょうか。

ケニアの発表の衝撃

三好　なるほど、わかりました。さて、当日の会議ですが、ザンビア、ケニア、マラウィ、エチオピア、タンザニア、そして英国、バングラディッシュという多彩な国から発表がありました。内容も非常に多様でした。で、先生にお聞きしたいのは、発表の全体的な印象についてと、特に印象に残ったものとしてはどの発表でしたでしょうか。

佐藤　すごく印象的だったのは、ケニアの発表（SHEPアプローチ）だったんですけど、ケニアのプロジェクトというのは、はじめから個人を対象にしていました。しかもマーケットにどうやって入っているのかということをスタートラインにしたプロジェクトというのは衝撃的でした。これは我々が今まで考えてきた農村開発プロジェクトと全然違います。SHEPアプローチがどうやって市場にモノを売るかということを出発点として、その下ごしらえとしてのコミュニティー開発についてはあまり考えていないというのは印象的です。反対にエチオピア（FRGアプローチ）の例では、かなり丁寧に農民にコンタクトをしていって、農民の知識を引き出す、それ自体をプロジェクトの目的としていた。ある種、同じ農村開発プロジェクトといいながらも、バラエティがすごくあったな、ということは感じました。

西川　対象も方法もかなりバラバラだったので、共通点を見つけ出すのは難しかったです。たしかに、ケニアのアプローチは、私のイメージしているコミュニティー開発の側面を重視した農村開発プロジェクトとはちょっと違いました。非常に重要なアプローチとは思いましたが、日本が得意としてきたコミュニティーを下地とした農村開発のアプローチからは違ったアプローチですよね。エチオピアの例は、直接の目的は研究者のキャパシティーを強化することですが、その手段として農家などの関係者を巻き込んでくるという点が特徴的で、これはRESCAPも同じであると思いました。RESCAPも直接の目的は普及をしっかりさせるということなんですが、その中で他の小さいプロジェクト（参加型村落開発）を動かしているというパターンがしっかり見えたと思います。それは、日本がインドネシアなどで20年も前にやってきた技術協力の強みというものを活かしたアプローチなのかなと思います。

日本が進めるべき農村開発とは

三好　そもそも日本の固有の農村開発というものがあると考えてよろしいのでしょうか。先生がおっしゃっている「コミュニティー開発をともなった農村開発」が、日本が進めるべき農村開発であるということなのでしょうか。

佐藤　うーん。おととしイギリス（サセックス大学）に行って、ＪＩＣＡイギリス事務所の所長ともそのストレスを共有していたのだけど、日本のやり方は結構いいと思うのですが、国際的な潮流ではまったく認知されていないですね。理解されていない。２つ可能性があるんですね。１つは中身がダメな場合、つまり内容がたいしたことがないから相手にされない。もう１つは、発信の仕方が、彼ら（欧米）の理解ができる仕方をしていないからか、ということがあると思います。僕は後者だと思うのです。発信の仕方を工夫しなくてはいけない。しっかりと発信すれば理解されるだろうし、いまメインストリームになっている潮流に対してオルタナティブとして提議できるのではないかなと思っています。しっかり発信をしていくべきだと思います。で、日本的なものはあるのかという質問については、「いや、そんなものはない」という人は結構いると思います。日本人が勝手にそう思い込んでいるだけで、よく聞いてみるとほかの国がやっていることと同じじゃないか、という人もいると思います。また日本的なものがあったとしても、それがアフリカで「善」であるという保証はない。それを留保した上でもなお、僕は日本はコミュニティー開発をベースにした農村開発にこそ比較優位があると思っています。で、ケニアのプロジェクトは、農民グループを対象にしているんですが、そのルート（根っこ）は、コミュニティーにはないんですよ。そこから始めるというのは、ただのマーケティングプロジェクトであればいいのだけれど、農村開発プロジェクトではないのでないかと思いました。しかもそういうアプローチは、日本では経験もないし、国内でもやってきていないのではないかという気がしました。

三好　開発現場では、具体的な成果（生産など）をだすことが求められていて、その潮流からみれば、ケニアのアプローチはその潮流に乗っていると言えるとは思うのですが、いかがでしょうか。

西川　そういう意味では、わかりやすいアウトプットを出すということは、他のドナーに対しても説明しやすいし、アフリカの支援もそのような方向で進んでいるということはあるでしょう。国際的なドナーのトレンドとまったく違う方向に走るというのはまずいと思います。しかしだからといって、それに飲み込まれてしまうと、バイ（二国間援助）でやっている意味がないのではないかと思います。昭和30—40年代の日本では、農村の地域資源調査というのを、普及員が農民と一緒になってやってきており、それが日本の農村振興を住民主体で行うことを支えてきた。このような(農民参加型の)調査で、農業生産の付加価値がついたとか生産が上がったということはないが、このような調査を20—30年続けてきた村というのは、市町村合併や過疎化で疲弊している地域が多い中でも、村や集落としての活動を今でもしている。そういう「場」というものを理解するということ、それを用いて農村開発をしていくというのは、日本の農業技術者および農業普及員がずっとしてきたと思います。そういう「場」で訓練を受けた人が、協力隊や専門家として、途上国に出ていって協力してきた。今はそういう経験を経たプロジェクトが減っていると思うんです。もちろん相手国の政策やドナーの潮流には合わせていかなければならないのですが、せっかく我々の先輩のやってきた農村開発というものを忘れ去って、トレンドに流されていくだけだったら、我々の強みは生かせないでしょう。

ボトムアップかトップダウンか—PDMの功罪

三好　このような「農業開発か農村開発か」という対立軸がある一方で、セミナーの中では

ＲＥＳＣＡＰのように「ボトムアップかトップダウンか」という対立軸があったと思います。ＲＥＳＣＡＰのようにボトムアップ、つまり下から経験をもとに紡ぎ合って制度を作っていく、一方で、タンザニアの例（ＯＯＤアプローチ）のようにトップダウンといいますか、先にフレーム（枠組み）を作っておいて中身を埋めていくというやり方もあるという話がありました。その点についてはどう感じられましたか？

佐藤　いわゆるＲＥＳＣＡＰのアプローチは、現場でうまくいったものを上（政策レベル）にあげていきながら改善していくというものですが、同じくバングラのＰＲＤＰの事例も、現場でつくったものを改善しながら政策にあげていったものなんですね。他の農村開発プロジェクトでも、パイロット・プロジェクトの成果をどうやって政策レベルにあげるかがＪＩＣＡにとっては永遠の課題です。このときに政策決定者を現場に連れて行って、その現場をみせることによって、政策者が動くということがあり、実際に全国展開をし始めている。で、ＲＥＳＣＡＰもこのパターンで全国展開に持っていった。これも１つのやり方としてあり得ると思う。ただ、他方でタンザニアの事例のように政策レベルでフレーム（枠組み）を決めて、その中で自由度を高めて、あとは勝手に自分たちでやってもらうという方法もあると思うんだけど、日本の技術協力ではまずボトムアップで、そのあとでスケールアップをしていくほうが（なかなかスケールアップまでいく事例は少ないんですけど）、そのほうが日本には合っているような気がします。

西川　そのタンザニアで発表された方が一番気にされていたのですが、強調されていたのは、目指しているところは同じだし、やっていることは似ていると言っておられました。いくらミクロのところで成功事例をつくったとしても、それが政策にフィードバックされなければインパクトがないことなので、そういう意味では、タンザニアのアプローチは1つの学びであると思います。では、RESCAPがやっていないかというとそうではなく、RESCAPもエチオピアのプロジェクトも、相手国政府の中で実施をして、専門家の方たちの暗黙知の中で相手国の政府高官ともコミュニケーションできる関係ができていると思うのです。一方、マラウィのシレ川の事例ですが、地方で森を復活させたりしているのですが、全国展開までいきませんでした。なぜかといいますと、地域密着で地方の事務所でやっていて、中央・本省にアピールができておらず、また中央から人が見に来なかったことが原因としてあるのかなと思います。RESCAPやエチオピアのプロジェクトでは、より戦略的に地方から中央・全国まで持っていったというところは進化がみられるのではないでしょうか。一方で、その進化に持っていった努力が現場と距離があり、形式知を追求しがちなＪＩＣＡ本部に理解されているかというところは疑問ですが。

日本の援助に〝日本的なもの〟はあるか

三好　先ほどの議論で「日本的なもの」という話がありましたが、この英語によるセミナーを鑑みて、はたして「日本的なもの」は具体的にあると思いますか？

佐藤　厳密にいって、日本だけしかやっていないかというとそういうものではないです。たとえば、技術協力が、国際開発の流れの中ではもう時代遅れという認識がされている中で、そこにしがみついているという意味で、日本の技術協力というものは日本的ですが、その意味ではドイツもそうだと言えるし、韓国とかもきっとそういう部分もあると思います。ただ、技術協力にこだわってその深化・精密化において知見を有するというところでは日本的なものがあると思います。もう1つは、テクニカル（技術的）なものだけではなくて、そこにあるコミュニティーにも目配りしながら進める技術協力というものは（参加型開発に近くなるかもしれないけど）、そこも日本的だと思う。ただし、参加型開発が日本的かというと、そういうものではなくて、イギリス人だって他国の人でもそうなんだけど、参加型開発はやっている。でも、技術協力とそれを組み合わせてやっているのが日本的だと思う。

西川　何が「日本的なもの」といっても、なかなか言葉で説明するのは難しいのです。日本の集落の資源調査なんてものは日本的なものかもしれません。先日、国際開発学会で、韓国の研究者が、韓国の「セマウル」運動について発表をしていました。あれはボトムアップなのかどうかという議論がされていて、韓国の援助機関も途上国支援の方法論としての可能性を探っており、一方でその限界も知ってます。日本の一村一品運動も同じで、コミュニティー開発を基礎に考える人たちは、日本の途上国支援での一村一品プロジェクトを強く批判している人もいますが、とはいえ日本の経験を共有していくというところは、日本的なものが入ってくると言えるでしょう。たとえば、ザンビアの農村地域から日本の農村地域に研修に来ていますが、そこでも日本の農村開発の背景を感じてもらうことができる。そういうところも日本の売りになるのではないかと思います。あとはやり方次第。そして、どう他のドナーに説明していくのかというところが重要ではないかと思います。ミレニアム・ビレッジというものがありますが、私がびっくりしたのは、ある途上国の日本大使館の経済協力担当の職員が、「先生、ミレニアム・ビレッジって、すばらしいですよね。日本のプロジェクトも見習ったらどうでしょう」と言ってきたんです。私はそれは逆じゃないかと思っていて、あれだけ投資をしたらそれは見た目は良くなりますよ。反対に日本は、生活改善や一村一品のように、資金がないところで、自分たちが何を持っているか、というところをスタートにしている。「これだけをあげるから、やりなさい」というアプローチと全然違うと思うんですよね。そういうところをほかのドナーにきっちりと説明していく、その中で「日本的なもの」を明確化できるのではないかなと思います。

三好 そのギャップというか、佐藤先生がイギリスで研究されていたときに、どう思われたのか興味があるのですが、日本は人材育成を重視するが、欧米では見えやすい成果をみせないと理解してくれない。ミレニアム・ビレッジみたいなものは日本人には理解できないように、日本的な取り組みも欧米ドナーは理解できないのではないかと思うのですが、いかがですか?

佐藤 援助の潮流のメインストリームをつくっているイギリスの大学や研究機関で働いている人は、自分たちの推奨する援助アプローチを開発し広めようとしている一方で、その限界をよく知っています。だから、彼らのアプローチの弱点を補うという形で、日本的なものを提案すれば、それは受け入れられるかもしれない。反対に、彼らのアプローチをいくら批判しても、それはたぶん聞いてくれないし、黙殺されるだけ。彼らのアイデアをさらに高めるような形で入っていけば、それはかなり可能性があると思います。

日本の技術協力の課題

三好　この話は次の議題に関することなので次にいきます。さきほど技術協力は古いという話がありましたが、今の技術協力が抱えている課題というものはなんでしょうか。そして、可能性はどこにあるのでしょうか。

佐藤　技術協力が古いというのはなぜかというと、Cost-Effective が低いと言われています。日本の技術協力の1つの特徴は、技術協力プロジェクトの中で現地語が話せる日本人専門家がいる、多くは協力隊ＯＢだったりします。現地を深く理解しているので、現地の人と一緒にやることを通じて、現地の人も喜んでくれる。一方で、ほかのドナーはそれはコストがかかり過ぎだから、ローカルのＮＧＯをつかってやる。それだけみると、日本の技術協力はコストがかかり過ぎ、という批判になるわけです。これに対抗するには、我々のアプローチでなければできないものがあるとすれば、それは何なのかということを説明するための理論武装が必要なわけです。で、現場のカウンターパートは日本の援助を高く評価していて、「日本の技術協力は欧米のドナーと違い、自分と一緒に考えてくれる」と言葉では言ってくれている。その声を現地でよく聞くんだけど、その声はカウンターパートのレベルで止まっていて、それが上（政策レベル）にあがらないんですね。かたや欧米のドナーは最初から上にあがってきているので、勝負にならないわけです。でも、現場では理解されているはずだったら、現場での声を彼らカウンターパートが政策決定者に持って行くところまでサポートしないと、日本の技術協力の印象は変わらないと思います。

西川　そういう意味では、イギリスの研究機関がやっているような政策レベルの協議を持つ機会を増やしていくことが必要だと思います。ＴＩＣＡＤなんか効果的な機会ではないかと思います。でも、具体的なプロジェクトでそういう機会を作るというところまでは、まだできていないのではないかと思うんですね。もしそういうことができて、じっくりと政策レベルで話すことができれば、宣伝する良い機会となると思います。つまり現場レベルのカウンターパートだけではなくて、中央省庁レベルの取り込みを積極的に進めていくことが必要だと思います。タイのように日本の援助が大量に入っていたところでは、わざわざアピールなんかしなくても、すでに日本のことはよく知ってくれてます。フィリピンに行くと、地方から中央省庁まで、どこに行っても必ず日本で研修を受けたフィリピン人の人材がいます。そういうところだと、日本のやり方の良さというものを知ってくれているけど、アフリカのように日本の援助が少ないところは、他のドナーのようにえげつないぐらいにアピールしないと無理でしょう。

三好　さきほどの Cost-Effective の議論で関連しているものに「第三国研修」があると思います。日本に送るよりもずっと安価にできて、しかも内容もそん色ないものができたりするし、かつ途上国同士で開発課題が似通ったものもある。でも、私のような専門家としては、日本で研修を受けることによって、日本の考え方というものを理解してもらいたいと思っていて、実際に日本から帰ってくると態度が大きく変わっている。一方で、日本の文化を知るうえでは重要だけれども、そのコストに見合った効果を上げているのかという議論がありますが、どう考えたらよいでしょうか。

日本の技術協力に求められること

三好　援助に対する風向きも近日は変わってきていると思うのですが、そのあたりはいかがでしょうか。これで昔の技術協力に戻るのか、それとも今のこの成果主義的なトレンドは変わらないのか、どう考えればいいでしょうか。

佐藤　政権にかかわらず、日本の国力がこれ以上伸びないということは事実なので、考え方としては、その少ない予算の中で、これからアフリカへの支援をどうするのかということだと思います。楽観的なシナリオとしては今後、ＯＤＡのかなりの部分が「ビジネス」とコラボすることによって、特に東南・南アジアにおいては、力点がビジネスにシフトしていくことになるので、その余剰額をアフリカに振り分けることによって、基本的に支援規模は変わらないということは期待できるかと思います。その中で何をするかということですけど、「プロセス」重視の技術協力をしようとしたときに、そんなことができる専門家がいま日本にいるのかい、という根本的な課題があります。日本的な良さ、現場主義、相手の気持ちを慮って技術協力を進めていけるような人材が今いるのかという問題があるんじゃないかなと思います。

西川　いま成果重視のほうにＪＩＣＡが走っていますが、そうした状況では、若い専門家にプロセス重視の技術協力ができる人が少なくなりましたね。いま空白ができつつあるので、仮に、一定の割合のＯＤＡがプロセス重視のコミュニティー開発に振り分けられたとしても、若い人材を育てるのに10年かかると思う。そのためにも、現場にいる専門家のみなさんが、継続的に若い世代を育てていかないといけないと思います。今年も、いくつかのＪＩＣＡプロジェクトが学生のインターンを受け入れてくださっていますが、こういったことを積極的に行うことによって、また制度化し継続して人材を育てていくことが重要と思います。もちろん大学も必要なんだけど、現場的なところは弱いところですので、そこは現場と大学と協力していかなければならない。そもそも「ODAの現場が面白い」という印象を日本の若い人が持たないと、業界に若い人材が参入してこなくなるという危惧があります。

三好　最近、若い人の海外離れというか、援助業界も含めて海外に行くことを躊躇するような風潮になってきたと聞いているのですが、いかがですか?

西川　この名古屋大の国際開発研究科は基本的に海外志向なんですが、他の工学部などの学生と話をしていると、海外に行きたくない、国内にいたいという学生が結構いるので、びっくりします。私たちの学生の時代と違って、自分から機会を見つけて海外に出たいという学生はかなり少ない。文科省が留学支援をしても、ほぼ丸抱えでないと海外に行かなくなってきているようで危惧しています。

佐藤　技術協力に限ってみると、日本で技術協力ができる専門家がどんどん減っていると思います。協力隊もそうだけど、技術を持たない村落普及員がどんどん増えているという現象があります。たとえば今20歳の人がこれから就職して技術を身につけて、実際に貢献できる例えば50歳ぐらいになったときに、つまり30年後に果たして日本がまだ技術協力をやっているか。反対にもらう側になっているかもしれない。ということも考えなくてはならないという時代になっているということ。そういう状態で、「技術協力の将来」という設定自体がはずしているんじゃないかなという気はするんですね。また国際協力という緩い言葉のほうが将来があって、たとえば中国が今後、援助を進めるとしても、その中国の援助でギクシャクする部分を日本がうまく取り持ってあげるような、または南南協力のコーディネートのような、調整的な役割はあるのではないかと思うんですね。これまでのタイプの技術協力は、もう人材もいないし、これからもニーズはないんじゃないかという気がします。

新しい潮流：ビジネスと国際協力

三好　さきほどの国際協力にビジネスをという話でしたが、かつては途上国への入り口は政府開発援助（ODA）しかなかったわけです。今後はビジネスが主となり、そのサブとしてのODAという話がありましたが、そのあたりのニーズはないのでしょうか。

佐藤　たとえばバングラでは今、縫製工場がブームで、日本に来ている安い服も最初は中国製だったものが、東南アジアになり最近は南アジアに移ってきている。その中でなぜバングラで縫製工場かというと、韓国が安い労賃による労働者を求めてバングラに入っていて、そのあと撤退した。そのプロセスでバングラ人が技術を体得して、そのあと自分たちで縫製工場を建てて世界中の下請け工場となって、縫製産業が爆発的に起きてきたんですね。これはある種の技術協力だと思うんですね。だからビジネスの立場で技術移転したんだけど、そのあと勝手に自立発展した。これを技術協力というのであれば、そのニーズはあると思います。

西川　農村開発というテーマで考えてみると、農村における産業、つまり農業というものは、工業・商業に比べて、労働生産性みたいなものをそう大幅に上げていくことはできないと思うし、それと基本的に農地が必要です。そういう制限要因がある中で、ほかの産業と比べて生産性が低いのは、前提条件だと思います。ここに公的な資金が入るのは、国の健全な発展の中で必要なことだと思うんです。その意味で、日本の農村とザンビアの農村というものは経験交流ができる。だから、ザンビアの農業普及員が日本の丸森町の農村地域に行くことで、丸森町の農村が元気になるということはよくある話で、それをもっと支援していくということは、ODAの役割としてありうる話だと思うんです。それは日本の今後の復興であり、再生に使えるのではないか。日本の国益というか、日本の農村に住んでいる1人ひとりの生活のために考えることも1つの可能性でしょう。それが公的資金であるODAの使い方の1つではないかなと思います。

これからの日本の技術協力のあり方

三好　時間もなくなりましたので、最後に先生方の総括をいただきたいのですが。

佐藤　繰り返しになりますが、やっぱり「日本的なもの」というものはあって、たとえば現場を大事にするということ、そしてもう1つは「改善」ということ。大きなパラダイムシフトではなくて、いま手元にあるものでどうやって良くしていくのかということを考えていくのは、これは間違いなく日本人が得意なところであり、かつ現場ではカウンターパートによく理解してもらえるところだと思います。それは、今回のセミナーでも、色々な国から報告がありましたが、そういう部分は共通していたと思います。その部分をちゃんと理論化して発信していくのは、現場の専門家だけではなくて、我々のような研究者であり、JICAのようなODAの機関だと思うので、その役割をしっかりとやっていきたいと思っています。

西川　ＪＩＣＡをはじめ日本の国際協力関係者は、世界のトレンドにどうしても流されてしまいがちです。しかし、それでも日本的なところ、基本的アプローチである「技術協力を相手国の政策にアラインすること」が大切だと思います。世界のトレンドに合わせつつ、日本の協力理念やアプローチをアピールしていくということを、ＪＩＣＡとしてまた日本人としてどうするかというところは、このセミナーに参加されたＪＩＣＡ職員の方の責務として重要と思います。今後もこのようなテーマについて、ＪＩＣＡをはじめ日本の国際協力関係者は取り組んでいってほしいと思います。それに対して、我々研究者も積極的に関わっていかなければと思いました。

三好　佐藤先生、西川先生、本当に今回は貴重なお時間をいただき、ありがとうございました。

なお、この座談会の模様は、以下の動画サイトのアドレスでご覧になることができます（http://youtu.be/x2L5Um3dMC0）。または、Youtubeで「東南部アフリカ座談会」と検索しても観ることができます。

奈良部辰雄（ならぶ・たつお）適正技術

1967年生まれ

現職：ケニア国での「稲作を中心とした市場志向農業振興プロジェクト」営農／普及専門家

これまで，マラウイ（野菜），ザンビア（西部州セフラ灌漑プロジェクトシニア隊員・プログラムオフィサー）での青年海外協力隊員を経験，その後，ザンビアでは適正技術，ケニアでは営農／普及専門家として従事。農村現場に近い普及員や中核農家の能力強化と技術の伝達を図るための研修や巡回指導に従事。

「2007年2月　学士（農学）の学位取得　独立行政法人大学評価・学位授与機構」

専門分野：適正技術，営農／普及

佐々木剛一（ささき・ごういち）普及・研修

1965年生まれ

青年海外協力隊員・シニア隊員（ザンビア西部州セフラ灌漑プロジェクト）を経て，RESCAPの前任プロジェクト専門家，その後RESCAP専門家（普及・研修）に従事，2015年10月からコメを中心とした作物多様化促進プロジェクト（FoDiS-R）の普及専門家として同年6月までの活動。

最終学歴，茨城県立農業大学校研究科卒

専門分野：農業／村落開発

長谷川朋子（はせがわ・ともこ）業務調整2010年～2012年

現職：RDI社（コンサルタント）

NPO職員としてミャンマー駐在後，JICA農村開発部ジュニア専門員ナミビアで日本とナミビアの大学による共同研究プロジェクト業務調整研修企画担当

最終学歴：開発学修士（農村開発）

白石健治（しらいし・けんじ）西部州プロジェクト管理

1970年生まれ

現職：タンザニア国「コメ振興支援計画プロジェクト」稲作普及／モニタリング専門家

これまで，セネガル（植林プロジェクト・野菜，タイバンジャイ村落給水シニア隊員・村落開発）で，青年海外協力隊を経験，JICAのジュニア専門員として，アフリカの農業・農村開発案件を担当，その後マラウイでは小規模灌漑開発プロジェクトのモニタリング，ザンビアでは西部州プロジェクト管理，タンザニアでは稲作普及・モニタリングに従事

専門分野：村落開発・普及／モニタリング

神奈川県立大学校（現神奈川県立農業アカデミー）卒

《著者紹介》

今野（浅田）博彦（こんの（あさだ）・ひろひこ）業務調整／研修管理

1982年生まれ
現職：スカイライトコンサルティング株式会社（コンサルタント）
東京大学大学院新領域創成科学研究科国際協力学専攻修了後，スカイライトコンサルティング株式会社入社
2011年から農村振興能力向上プロジェクト（RESCAP）に従事（プロジェクト終了まで）。現在は，海外への事業展開を支援するコンサルティングに従事
2008年4月「参加型開発における住民の選択と外部者の役割」共同研究者（国際協力機構）

三好崇弘（みよし・たかひろ）モニタリング・評価

1970年生まれ
現職：有限会社エムエム・サービス代表取締役　NPO法人PCM Tokyo理事長　PCMモデレーター（FASID認定）／PMP（プロジェクト・マネジメント・プロフェッショナル）（PMI認定）／評価士（日本評価学会認定）
㈱福山コンサルタント 海外事業部勤務後，（財）国際開発高等教育機構で，プロジェクトの評価・改善調査・参加型研修担当。国際協力機構（JICA）によるコンサルティング業務（派遣国　中国，ガーナ，コロンビア，ハンガリー等），JICA専門家（ザンビア9年間）。JICA客員研究員，横浜国立大学非常勤講師などを歴任。英国マンチェスター大学大学院　社会経済科（開発経済学　経済学修士）日本大学大学院　法律研究科（国際開発　政治学修士）
専門分野：プロジェクト計画・評価，参加型計画，参加型研修企画・運営

主要著書

2005年3月『キャパシティ・ディベロップメントからみたJICA技術協力の有効性と課題』JICA客員研究
2006年6月「参加型評価の有効性と課題に関する考察」『国際協力研究　通巻23（1）』
2008年1月「アフリカにおけるJICA技術協力プロジェクトの有効性と課題」『国際開発研究　通巻17-2号』
2011年11月「アフリカ農村開発でGPSが大活躍」および「今すぐできるGPSで「宝探し」ゲームと町おこし」事例／『フィールドワーカーのためのGPS・GIS入門』古今書院
2013年7月『グローバル人材に贈る プロジェクトマネジメント』（共著　関西学院大学出版会）他多数

《著者紹介》

大野政義（おおの・まさよし）チーフアドバイザー

1962年生まれ。

国際協力機構東南アジア・大洋州部勤務（2015年1月から）。

青年海外協力隊・シニア隊員後，協力隊調整員（パプアニューギニア），その後，国連地域開発センターに研究員として勤務（地域社会開発ユニット），国際協力事業団（現国際協力機構）専門家（開発計画，貧困削減社会開発プログラム，援助調整，ODAアドバイザー，地域社会開発）および企画／広域調査員（小島嶼国経済自立支援，南南協力）等で，パプアニューギニア，ガーナ，フィジー，ルワンダ，ツバル，マレーシアで専門家として活動後，RESCAPプロジェクトチーフアドバイザーとしてプロジェクト終了の2014年12月まで勤務。

最終学歴：名古屋大学大学院国際開発研究学科（1995年）。

専門分野：開発計画，プロジェクト管理，地域社会／農村開発，援助調整

主要著書

「村落開発と農村社会システム，パプアニューギニアを事例として（英文）」名古屋大学大学院国際開発研究科修士論文（1995年）
「貧困問題とその対策―地域社会とその社会的能力育成の重要性」（分担執筆）国際協力事業団（現国際協力機構）国際協力総合研修所（1995年）
「Diversity and Complementarity in Development Aid – East Asian Lessons for African Growth ―」Co-Author of Chapter 8. “Strategic Action Initiatives for Economic Development” The National Graduate Institute for Policy Studies（GRIPS）Development Forum Report（2008）
「Eastern and Western Ideas for African Growth：Diversity and Complementarity in Development Aid」第9章共著 Routledge出版（2013年）

（検印省略）

2016年8月25日　初版発行　　　略称 ― アフリカ農村

アフリカ農村開発と人材育成
―ザンビアにおける技術協力プロジェクトから―

著　者　大 野 政 義
発行者　塚 田 尚 寛

発行所　東京都文京区春日2－13－1　株式会社 創 成 社

電　話　03（3868）3867　　ＦＡＸ　03（5802）6802
出版部　03（3868）3857　　ＦＡＸ　03（5802）6801
http://www.books-sosei.com 振　替　00150-9-191261

定価はカバーに表示してあります。

ISBN978-4-7944-5060-9 C0236
Printed in Japan

組版：トミ・アート　印刷：平河工業社
製本：宮製本所
落丁・乱丁本はお取り替えいたします。

創成社新書・国際協力シリーズ刊行にあたって

グローバリゼーションが急速に進む中で、日本をはじめとする多くの先進国において、市民が国内情勢の変化に伴って内向きの思考・行動に傾く状況が起こっている。地球規模の環境問題や貧困とテロの問題などグローバルな課題を一つ一つ解決しなければ私たち人類の未来がないことはわかっていながら、一人ひとりの私たちにとってなにをすればいいか考えることは容易ではない。情報化社会とは言われているが、わが国では、世界で、とくに開発途上国で実際に何が起こっているのか、どのような取り組みがなされているのかについて知る機会も情報も少ないままである。

私たち「国際協力シリーズ」の筆者たちはこのような背景を共有の理解とし、このシリーズを企画した。すでに多くの類書がある中で、私たちのシリーズは、著者たちが国際協力の実務と研究の両方を経験しており、現場の生の様子をお伝えするとともに、それらの事象を客観的に説明することにも心がけていることに特色がある。シリーズに収められた一冊一冊は国際協力の多様な側面を、その地域別特色、協力の手法、課題などからひとつをとりあげて話題を提供している。また、国際協力を、決して、私たちから遠い国に住む人々のためだけの利他的活動だとは理解せずに、国際協力が著者自身を含めた日本の市民にとって大きな意味を持つことを、個人史の紹介を含めて執筆者たちと読者との共有を目指している。

本書を手にとって下さったかたがたが、本シリーズとの出会いをきっかけに、国内外における国際協力や地域における生活の質の向上につながる活動に参加したり、さらに専門的な学びに導かれたりすれば筆者たちにとって望外の喜びである。

国際協力シリーズ執筆者を代表して
西川芳昭